专利笔记

谢虹霞　邵琳　敖翔　著

知识产权出版社
全国百佳图书出版单位

图书在版编目（CIP）数据

专利笔记 / 谢虹霞，邵琳，敖翔著. — 北京：知识产权出版社，2017.10
ISBN 978-7-5130-5130-9

Ⅰ. ①专… Ⅱ. ①谢… ②邵… ③敖… Ⅲ. ①专利－管理 Ⅳ. ①G306.3

中国版本图书馆CIP数据核字（2017）第222359号

内容提要

本书从近几年知识产权（专利）领域的热点出发，结合丰富的实践经验和翔实的实际案例，通过多篇短小精悍、传播度较高的杂文，深入浅出地探讨了专利的作用、专利的分析方法、专利的服务模式、专利运营、专利政策和专利人才等问题，为公众记录下了中国专利发展的点点滴滴。本书可作为知识产权（专利）从业人员和对知识产权（专利）问题感兴趣的公众的参考用书。

责任编辑： 许　波　　　　**责任出版：** 刘译文

专利笔记

ZHUANLI BIJI

谢虹霞　邵　琳　敖　翔　著

出版发行：	知识产权出版社有限责任公司	**网　　址：**	http://www.ipph.cn
			http://www.laichushu.com
电　　话：	010－82004826		
社　　址：	北京市海淀区气象路50号院	**邮　　编：**	100081
责编电话：	010－82000860转8380	**责编邮箱：**	xbsun@163.com
发行电话：	010－82000860转8101	**发行传真：**	010－82000893
印　　刷：	北京中献拓方科技发展有限公司	**经　　销：**	各大网上书店、新华书店及相关专业书店
开　　本：	720mm×1000mm　1/16	**印　　张：**	14.5
版　　次：	2017年10月第1版	**印　　次：**	2017年10月第1次印刷
字　　数：	200千字	**定　　价：**	48.00元

ISBN 978－7－5130－5130－9

愿用我们的笔，记下专利的美。

献给每一个曾经和依然奋战在知识产权战线的人们。

序　言

专利(patent)一词来源于拉丁语 Litterae patentes，意为公开的信件或公共文献，是中世纪君主用来颁布某种特权的证明，后来指英国国王亲自签署的独占权利证书。据实证研究统计，专利文献中囊括了全球90%以上的最新技术情报，相比一般技术刊物所提供的信息早5-6年。

本书的作者是三个从事知识产权行业的年轻人，他们曾有着不同的专业背景和职业经历，但却因为“专利”相聚到了一起。机缘巧合，我和他们三位都曾有过工作中的交往，虽然他们性格不同，却同样对工作充满热情，乐于分享；同样都喜欢思考，思想活跃。本书中的很多案例和感悟都来源于他们的日常工作，所以具有一定的实用性。

无论是在探讨科技浪潮下，专利世界该走向何方；还是思考传统的专利服务模式是否能满足现代企业的发展诉求；抑或是讨论政府在知识产权制度建设方面如何提升等，都体现出三个生机勃勃的灵魂所迸发出的智慧火苗。

对于世界的关注他们也没有止步，无论是对微软、Facebook(脸书)、LinkedIn、苹果、百度、中兴、IBM 等知名企业在专利方面热点事件的解读和剖析；还是对美国、日本等国家政府、企业、高校专利工作探索和洞察，都体现出三种不同专业角度的思维特点。

近四十篇短小精悍、言简意赅的文章，读来并不费劲，但却通过他们独特的逻辑，完整的串联起近几年知识产权（专利）领域的重大事件、热点新闻。在他们的笔下，这一切都变得活灵活现，仿佛就发生在昨天。

最终，他们决定给本书取名为《专利笔记》时，让我略有不解；不过当我看完全书，回头再看这个书名时，似乎能隐约体会出他们想传达的意义：也许这三个年轻人就是希望能通过自己的视角和笔触，记录下他们对于专利世界的理解。所以，就让我们一起跟随着他们，循着这本小书，一起去探索和发现更多专利宝库中的秘密与启示吧！

2017年10月于北京

目 录

第一章 专利世界的必然

第二章 专利分析揭示的真相

第三章　专利与服务型政府

第四章　如何修炼专利人才

第五章 专利服务面面观

第六章 专利有用与专利有价

第七章 从专利到财富

第八章 蹭热点

第一章

专利世界的必然

从微软公司知识产权政策和战略副总裁马歇尔·菲尔普斯和著名记者戴维·克兰的《烧掉舰船》，到“硅谷精神之父”“世界互联网教父”凯文·凯利（Kevin Kelly）先生的《必然》，到号称知识服务商的“罗辑思维”，到克里斯·安德森（Chris Anderson）所倡导的“创客革命”，无一不在向我们传递着随着科技的不断发展，世界将越来越扁平化；在众多开源软件的包围里，在共享经济大潮的裹挟下，我们专利世界未来又将在何处呢？

第一节　专利世界的必然

2016年12月6日

提到凯文·凯利(Kevin Kelly),相信很多人都不会陌生,作为《连线》(*Wired*)杂志创始主编,人们经常亲昵地称他为KK。在创办《连线》之前,是《全球概览》杂志(*The Whole Earth Catalog*,乔布斯最喜欢的杂志)的编辑和出版人。1984年,KK发起了第一届黑客大会(Hackers Conference)。他的文章还出现在《纽约时报》《经济学人》《时代》《科学》等重量级媒体和杂志上。凯文·凯利被看作是“网络文化”(cyberculture)的发言人和观察者,也有人称之为“游侠”(maverick)。

2015年,KK出版了一本名为《必然》的新书,此书与他的前两部作品《失控》和《科技想要什么》并称为KK三部曲。书中凯文·凯利对十二种必然的科技力量加以详细的阐述,并描绘出未来三十年的趋势,尤其是现在正在萌芽或已经茁壮成长起来的科技创新对未来趋势的影响,以及如何形成合力指引我们前行的方向。在书中提及最多的、也是目前整个科技界所关注的话题之一——人工智能。书中用到了一个词

“Cognifying”来阐述了他对未来人工智能的理解，这与涂子沛先生在《数据之巅》中对于用数据喂机器的思考不谋而合。他认为，未来人工智能领域的科技创新将渗透到各个领域，机器学习以及在此算法上建立起来的大数据将成为最为核心的竞争力。这也就是Google创始人拉里佩奇所说的，Google实际上是一个人工智能的公司。对于产品而言，更多地应当用发展和战略的眼光去看待。因此，这也就导致了一个推论，就是什么才是一个科技创新企业的核心竞争力？

人工智能对技术垄断的冲击

在工业时代的商业环境中，专利制度无疑发挥着巨大的作用。但是在信息时代，技术爆炸也是这个时代的特点，而人工智能技术将成为其最为重要的助推器和催化剂。商业成功越来越倚重大数据，而大数据则需要用户量的积累。通过大量用户数据对人工智能算法的优化、改进，乃至进化，机器智能将在某个专业极强的领域越来越强。也许今天我的产品还不如你的，也许明天我的产品就能够和你打个平手，后天我的产品就能够甩你十万八千里，让你永远追不上。在这种情况下，用户量以及机器学习算法将成为商业核心竞争优势。**那么，对于某项技术的垄断还有多大的意义呢？这种开源社区的关于自由分享的价值观是否将引领未来科技创新的趋势呢？**

实际上在美国，很多知识产权界的专家学者都在思考着整个信息时代对于传统专利制度的冲击，他们甚至在用“evolution”这个词来形容，也就是说**专利制度本身的价值已经成为我们需要去重新认真思考**

的一个问题。在谈论如何利用专利布局形成竞争优势，如何利用专利诉讼打击竞争对手的同时，另外一批知识产权从业者也在思考如何利用专利加强科技创新合作，如何推动国际技术转移，如何提高技术交易市场的价值，如何更好地利用专利信息来提升创新能力。专利制度的价值似乎还有更多需要探索和挖掘的潜力。

专利世界的“必然”趋势

最后笔者不禁也想大胆预测一下专利世界的“必然”：

其一，软件与算法作为一种技术方案进行保护也许将成为未来发展的趋势。这个领域的发明如何进行保护无论在哪个国家都是一个难题，尤其是保护的客体以及三性判断。对于新颖性、创造性的判断，专利审查中大多数时候只看专利文献，而对于软件和算法，绝大部分的信息来源是开源社区。很多已公开的技术却能堂而皇之地进入被保护的范畴。专利信息与非专利信息（而不仅仅包括文献信息）的融合，尤其是专利领域与开源社区，将成为未来专利制度发展的贡献点。

其二，全球化的进程依然在继续。虽然2016年在欧美主要发达国家看到了一些逆全球化的苗头，但是整个世界全球化的潮流不可逆转。国际人才流动在加剧，资本流动在加剧，技术的流动也将不可避免地加剧。专利制度的地域性虽在短期内无法消除，但是在技术国际转移与合作方面，必然会出现更多政策制度上的创新。

其三，机器学习算法也将深刻地影响和改变专利代理、诉讼、检索、审查等多个专业性极强的领域。人工智能虽然很难像人类一样进行综合性的作业，但却可以做到十分专业，并且在这个专业上越来越强。譬如专利检索，现在市面上专利检索产品五花八门，大部分都在强调自己的数据量与检索算法。但在未来，只有拥有海量用户以及不断优化机器学习算法的专利检索产品才有能力最终胜出。另外，IBM公司实现的法律咨询智能系统，对专利律师这个职业也提出了巨大的挑战。

让我们再好好看看这个世界吧，也许，它早已不再是你熟悉的那个世界了！

第二节　开源or保护？殊途同归

2016年2月18日

罗辑思维——目前业界公认的知识服务商和运营商，对外宣称知识搬运工的罗振宇一直致力于通过微信公众订阅号、知识类脱口秀视频节目以及定位知识服务的App带领公众“有种、有料、有趣地在知识中寻找见识！”从2012年《罗辑思维》长视频脱口秀开播至今，在优酷、喜马拉雅等平台超过10亿人次观看；2016年5月上线的“得到”App，至今也有超过400万用户使用，在互联网经济、创业创新、社会历史等领域制造了大量现象级话题。

2015年的最后一天，罗振宇在北京水立方举行了一次名为《时间的朋友》的演讲，这场盛大的知识跨年中，提到了王石与宝能系大战。他把激战双方看作是人力及知识资源与资本之间的博弈，并将宝押在了以人力及知识资源为代表的王石一边。其推理过程不再赘述，但其核心观点却值得我们关注：简而言之，就是大家都认为杰出的人力及知识资源较之资本而言，更加稀缺——而这，也一定是商业发展趋势。

不过在那次演讲中，罗振宇并没有提出在现有商业制度下，人力及知识资源如何能够胜出。实际上主要有两股重要力量决定胜负走向：其一，就是知识产权制度；其二，就是以极客、创客为代表的开源社区。这两者虽然截然不同，甚至在某些场合水火不容、剑拔弩张，但是这两者都是在为个人崛起与品牌建立奠定坚实的基础。

IP（知识产权）制度

从英国在1624年通过《垄断法》奠定了专利制度的雏形开始，专利制度已经在西方世界运行了几百年。商标、版权等相关制度法律也是一样，为科技创新、作品创作和个人企业品牌建立提供有力保障，为现代商业和贸易提供了基石，更为重要的是，IP为保护国家竞争优势提供支撑。在这个过程中，我们也能看到一大批创业者，通过自己的智慧和勤劳，利用IP制度，建立了属于自己的商业帝国，最著名的当属爱迪生。

故事发展到创新日新月异的今天，IP已经不仅仅是用来进行垄断，更多的商业玩法被创造出来。尤其是在2015年，IP在我国更是成为红极一时的热词，大家在谈论《甄嬛传》《芈月传》《鬼吹灯》《盗墓笔记》等版权转让所带来丰厚利润的同时，对IP的理解已经不再仅仅是知识产权。甚至在那次的跨年演讲中，“IP”成为第五大热门话题。

虽然有时觉得IP的概念真心有些被玩坏了——尤其对于传统IP圈的人来说，但不可否认的是，IP制度确实正在与时俱进——不管你愿不愿意承认这个事实。

再看看专利。“专利”从字面的意思理解，就是专属的权利，其核心和本质是“垄断”。但在这个认知盈余的时代，我们可以看到很多公司已经开始学会利用专利来创造利润（比如专利转移、专利许可等），例如IBM、华为；我们也看到很多公司通过专利来寻找合作伙伴，建立商业生态圈，例如在《烧掉舰船》中描述的微软；还有一些公司利用专利进行融资，作价入股，将其作为资本运作的工具。甚至曾有国外评论文章认为，现在专利的作用更像广告，用以将自己的技术实力广而告之，寻找投资，寻找实施合作方。技术方案、know-how和市场推广的具体细节可以以签署合作协议的方式输出。

而在我国，一系列的法律法规和政策文件都越来越倾向于将专利实施运用作为重点，同时也在放大发明者个人的价值，比如我国的创新驱动发展战略、《职务发明条例》草案等。可以说，IP正在转型，并朝着越来越有利于个人和知识资源的方向发展，让具有知识、管理能力和社交能力的人在与资本的博弈中拥有更多的筹码。

开源社区

第一次接触开源，是在学生时代曾使用过的linux操作系统。当时，大部分人还在用盗版的微软操作系统。这个社区很有意思，所有的源代码都是公开的，可以随意下载。也有公司在此基础之上，创建了自己的产品，比如说红帽Red Hat。大家在网上交流讨论对源代码的学习心得，完全保持着开放自由的态度。就像克里斯·安德森在《创客：新工业革命》中提到的，他们不会对别人抄袭了自己的代码感到愤怒，正相反，如果别人在此基础上写出了更好的代码，他们会虚心地学习。一个技术大牛在这个圈子中就是一个神一般的存在。

极客的世界真的非常有趣。他们在研发、分享的过程中，创造了一个更加自由、更加开放，甚至更加规范的创新环境。在智慧的火花碰撞下，下一个Google、苹果和Facebook正在诞生。他们不是通过知识产权保护，却建立了个人品牌，建立了创新生态圈，形成了大量的忠实用户，成为资本追逐的焦点。免费、自由和分享已经成为互联网精神的核心组成，而互联网正在改变世界。

尽管很难看懂开源的盈利模式，但是人力与知识的价值被最大化，极客成了资本逐鹿的对象，而这个优势也将持续地放大。

殊途同归

回到开头说的“罗辑思维”，无论是他免费打造的微信公众号还是视频脱口秀，到开始逐步走向收费模式的“得到”App和会员制服务，总体来说，可以看到罗振宇还是“亲开源”的，但是这并不代表他对于“知识”、对于“观点”没有保护。

而在现实生活中，“保护”和“开源”则容易被人为地对立起来。价值观的差异不可否认是一个关键因素；另外专利制度放出的副产品——专利流氓（Patent Troll），经常对开源社区的创客们造成一定的冲击和产生一定的摩擦。专利是否在鼓励创新的争论到今天也没有停歇过。

不过，实际上IP制度和开源社区都在发展，以更好地适应如今的商业环境。更为重要的是，这两者都在为个人崛起奠定基石，让每一名创业者在与资本博弈的过程中具备更多的话语权。而从专利本身的两大基本功——保护和公开来看,也能看出制度设立之初的那份难得的“初心”。保护给我们带来的是控制力,尤其是在现在中国经济和市场发展的大环境下,作为政府、作为政府制定的制度,是需要对市场有一定程度的调控力度的;而公开则可以为创新提供更有力的支撑,无论是进行更好的资源配置,还是创造更高的实施效率。世界知识产权组织很早就有过统计说,如果能有效地利用全面的专利信息,我们将可以节约60%的开发时间,节省40%的研发经费。

因此,保护还是开源?在不久的未来,也许将不再是单选题了。

第三节　用小专利烧掉大舰船

2015年10月6日

《烧掉舰船》是由微软公司负责知识产权政策和战略的副总裁马歇尔·菲尔普斯以及著名记者、知识产权顾问、作家戴维·克兰在2009年合著的一本小书，该书中文版于2010年出版，在知识产权业界一直以来被引为经典。

马歇尔·菲尔普斯曾先后供职于IBM和微软公司，他在IBM公司的职位是知识产权与许可副总裁，任职期间他建立了世界领先的、年收入达20亿美元的授权项目；他在微软公司则是负责制定公司全球知识产权战略和政策；同时，他还与政府、信息技术产业的其他公司以及境外机构进行合作，以推广知识产权的保护意识，比如他是杜克大学富卡商学院的常驻主管，并在2006年成为首批入选知识产权名人堂的成员。

戴维·克兰是享誉盛名的记者、作家和知识产权顾问，他擅长以深入浅出的方式解释复杂的知识产权问题，并以一种清晰而切题的方式展示给广大的业务顾客，因此得到了广泛的赞誉。他的畅销书《阁楼上的伦勃朗》(哈佛大学商学院出版社2000年版)被认为是对美国公司知识产权领域有着深远影响的作品。作为一名记者,克兰为美国国家广播公司和哥伦比亚广播公司的新闻、《纽约时报》《基督教科学箴言报》《大西洋》《滚石》《连线》等主流媒体做了一些全世界最引人注目的战争、饥荒以及其他危机的报道。

《烧掉舰船》的核心观点是:知识产权成为与其他公司合作的重要工具和手段,而不再是仅仅追求市场垄断地位的壁垒。也就是说,知识产权将成为开创式创新生态系统中必不可少和至关重要的环节。

这个观点对专利人来说是具有颠覆性的。原本就是为了获得技术垄断地位的专利怎么就会成为合作的桥梁呢?专利制度这棵树上怎么就结出了截然相反的两颗果实?专利制度怎么就没有像某些反对者说的那样,朝着阻碍科技创新的方向发展,反而成为活跃科技创新环境的催化剂?

其中最重要的原因是,随着互联网以及全球科技的快速发展,专利生长的土壤基因发生了突变。科技的快速发展使得没有一家公司敢说能控制所有与其产品相关的技术发明。

而互联网造就了另外两件事。首先是个人崛起,互联网时代是创客的时代,同时也是极客的时代,个人发明家已经有能力成为推动整个科技发展的重要力量,独立发明人通过互联网进行广泛的协作,甚至是全球范围的协作,让个人创业不再依托于大公司的雄厚资源。

另外一件事是传统企业转型。我们现在经常能够听到所谓的“互联网+”,也就是传统行业的互联网化,企业管理的扁平化以及内部创业已经成为一些企业发展的新路径。企业中一些具备科技创新能力的人完全可以获得足够的资源来做一些和企业核心业务不相符的探索和尝试。

上述这些都造就了开放式创新的企业模式。"开放式创新"这个理论首先由美国著名创新研究者Henry Chesbrough完整提出。在他的著作中,比较了封闭式创新和开创式创新的差异,如图1所示:

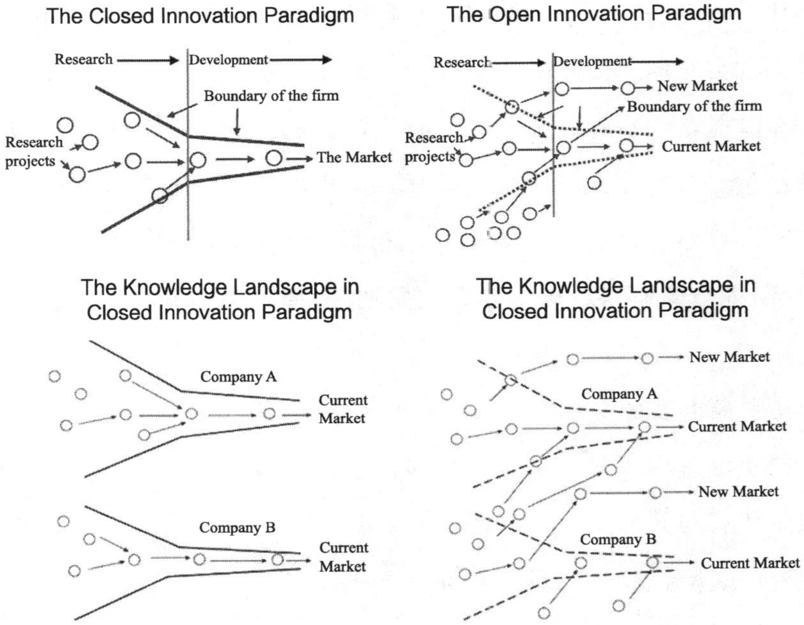

图1 封闭式创新和开创式创新的差异

资料来源:chesbrough(2006a)P xxii、xxv、31、44。

简单地说,信奉开放式创新的企业一方面在科技产品研发上不再拘泥于自身内部的科研力量,而是放眼于整个行业,甚至是竞争对手;另一方面,由于创新智慧盈余,企业一些技术达人的发明可以通过技术许可流向外部，进而为企业带来利润。《烧掉舰船》中提到IBM公司的主要利润来源于此。

回过头来，我们再看看知识产权在开放式创新生态体系中的作用。专利人可能最难以理解的就是书中作者对于专利用于企业合作的理念。确实，一直以来我们被宣贯的理论都是"专利是武器"。既然是武器，要么防御，要么进攻，哪有你好我好大家好的道理呢？

说到进攻，通常的专利诉讼费钱、费时、费精力，一场官司下来往往两败俱伤。说到防御，企业可以布局强大的专利城堡或是构建庞杂的专利丛林。你想来攻，尽管来，把我的专利分析清楚就让你损失惨重。但是专利的申请与维护成本将一直是企业的重要负担。这种敌损一千、自损八百的做法真的是不太利于整个行业的发展。所以企业间以专利作为合作桥梁与媒介的新功能在社会发展到今天就更加凸显其重要作用了。

专利作为企业间谈判的基础具有天生的法律规范性，专利信息公开也成为最负责任、信息透明的"广告"。但要明确的一点是（在《烧掉舰船》中也有说明），企业先得把自己的智力劳动产品资源包装成专利，受法律的保护，才能将其作为合作谈判的筹码。这一点至关重要。

当然，开放式创新远没有这么简单。书中对谈判的复杂程度进行了生动的描绘。例如，首先，知识产权技术垄断的思想根深蒂固，要说服公司把辛辛苦苦申请维持的专利拿出来分享，太难让人接受了。其次，这对知识产权管理能力的要求太高，目前恐怕也只有IBM、微软这些精通知识产权规则的大公司能够玩转开放式创新模式。当然了，他们也是在专利战火中锻炼出来的，我们中国的企业怎么办？另外，还有开源社区的那些极客们，他们可能是未来科技发展的主要动力，是开放式创新企业主要的合作对象。文化的差异导致的天然隔阂如何消除将成为主要的合作发展障碍。

值得一提的是此书英文版的封面，巨型的大船已是浓烟滚滚，一旁轻盈的小船却依旧在乘风破浪继续前行。也许这也正是《烧掉舰船》想向我们传达的：专利这棵大树曾经造就了爱迪生这样的大企业家，而今它需要更好地为那些即将崛起却还很弱小的创新型企业、甚至是为创客、极客们保驾护航。专利人只有具有全球化、全局性的视角，不断与时俱进，才能更好地为科技经济发展造福！

第四节 “互联网+”时代，专利准备好了吗？

2015年6月12日

自从李克强总理在政府工作报告中提出“互联网+”行动计划，该词又一次被推到了舆论和各大产业的风口浪尖。政府工作报告的“新兴产业和新兴业态是竞争高地”的部分提到：“制定‘互联网+’行动计划，推动移动互联网、云计算、大数据、物联网等与现代制造业结合，促进电子商务、工业互联网和互联网金融健康发展，引导互联网企业拓展国际市场。国家已设立400亿元新兴产业创业投资引导基金，要整合筹措更多资金，为产业创新加油助力。”

从“互联网+”的概念上理解，也就是信息技术、网络、数字化与传统产业相融合，利用信息技术促进传统产业的升级改造，利用信息技术带动传统产业的创新设计能力和速度，利用互联网社区化的模式降低设计人员的沟通交流成本。尤其是推动我国制造业由原先的劳动密集型向智慧密集型转型，提升产业的附加值。而互联网创业的低门槛也将为其他产业的创业带来新的气象，我国大众创业、万众创新的浪潮已经来临。

2012年，《长尾理论》《免费》的作者克里斯·安德森（Chris Anderson）撰写了《创客：新工业革命》（*Makers: The New Industrial Eevolution*）一书，在这本书里，作者为我们描绘了一幅幅实实在在的、在美国正在发生的“互联网+”蓝图。安德森预测，在接下来的10年里，人们会将网络的智慧用于现实世界之中。未来不仅属于建立在虚拟原则之上的网络公司，也属于那些深深扎根于现实世界的产业。“创客运动”是让数字世界真正颠覆现实世界的助推器，是一种具有划时代意义的新浪潮，全球将实现全民创造，掀起新一轮工业革命。

那么，问题来了：面对“互联网+”，专利（或者说“专利制度”）究竟扮演着一个什么角色呢？

从某种意义上说，“互联网+”与专利制度的宗旨都是促进创新，前者是最大化地消除技术创新的障碍，降低大众创业的门槛；而后者则是利用人对经济利益的追逐来激励创新。

《创客》一书似乎为我们开启了另外一扇窗户——开源社区。可以说开源社区是互联网的产物之一。在不太遥远的过去，我们见证过Linux开源社区的蓬勃；进入移动互联网时代，我们迎来了安卓系统。

熟悉互联网的朋友对开源软件一定不会陌生。在这里软件设计人员、开发人员可以自由地相互交流，所有的设计软件都是公开的。正是由于这种自由、公开和分享的精神才导致了今天的无数创客、极客以及开源项目的诞生。而“互联网+”则让这股创新之风吹向传统硬件产业和制造业。

创客们一方面在技术革新之路上披荆斩棘，一方面也希望创建一个更加利于创新的生态系统。于是我们看到了在《创客》中提到的专利制度之争。

该书作者作为新一代的创客，如果研发出新技术，他们不会选择申请专利，而是将设计放到社区上分享，供其他设计者讨论和改进。即使有人“盗用”了他们的设计，他们也不会诉诸法律，而是乐见这种情况的发生。这种观点在专利人眼中真可以用疯狂来形容。但是，这一切却无比真实地发生着，并且将进一步影响整个创新生态体系。值得一提的是，安德森本人也真的身体力行，在2009年和其他人一起创办了机器人公司“3D Robotics”，后来他辞去《连线》主编职位，担任了这家机器人公司的CEO，而这家公司真的一件专利都没有申请过。

纵观产生这种观念的领域，大多来自信息产业或者相关产业。原因之一可能是信息技术领域的创新速度实在是太快了。按照摩尔定律的解释：当价格不变时，集成电路上可容纳的元器件的数目，约每隔18~24个月便会增加1倍，性能也将提升1倍。换言之，每1美元所能买到的电脑性能，将每隔18~24个月翻1倍以上。这一定律揭示了信息技术进步的速度。

另外，随着PC电脑进入寻常百姓家以及互联网的普及，即使对信息技术一无所知的大爷大妈，也能熟练地操作计算机了。各种全新的、基于互联网和信息技术的商业模式也层出不穷。

然而，专利申请、审查和诉讼各个过程都意味着大量的经济成本和时间成本。对于互联网创新创业者来说，这是一个非常大的负担，但又是一个无法回避的全球性游戏规则。从美国专利司法发展的历史来看，专利制度对于软件和商业方法创新的促进作用还是有限的。

按照李明德教授的著作《美国知识产权法》中提到的观点，软件和商业方法的专利保护即使是在知识产权制度最为发达的美国也存在重大争议。并且由于这个领域的技术人员通常不会采用申请专利的方式，导致审查员在审查过程中很难找到相应的对比专利文献，这也可能是目前专利难以适应信息产业发展的一个重要原因。

随着"互联网+"和万众创新战略的提出，可能会有一切产业皆软件的模式出现，所有产业技术变革都将被带上快速车道。能否解决好信息技术产业领域的专利问题将成为焦点。专利人是时候更加积极地了解互联网行业和信息技术产业，更加主动地直面挑战进行变革，更好地融入整个国家创新生态中去。

说点其他 中国特色？实用新型专利

2014年7月20日

2012年12月11日，世界知识产权组织发布的年度报告数据显示：中国已取代美国成为世界最大专利申请国，中国人和中国公司的专利申请量已经占到全球总申请量的1/4。同时，另一种关于“中国创新假象”的声音也不绝于耳：创新百强的门外汉，专利数量与质量之间的落差，科技成果与实际经济利益之间的鸿沟……近些年来，这些问题一直被外界所争论。以实用新型为代表的“中国式创新”究竟面临怎样的问题以及未来将如何发展，是值得我们关注和思考的重要议题。

中国实用新型专利申请量逐年提高，国内本土申请人青睐实用新型专利：国家知识产权局数据显示，1997年中国实用新型专利申请量突破5万件，首次居世界第一；2008年实用新型专利申请量突破20万件；2009年申请量突破30万件；2010年申请量突破40万件；2011年则达到了58.6万件。每10万件的增长的周期越来越短。截至2011年12月，中国实用新型专利申请量已接近300万件。

从实用新型专利占比情况来看，1985—2011年此类专利占全部专利申请的32.22%。值得一提的是，国内本土实用新型专利自2009年以来，就一直高于平均线，在2011年占比更是接近40%。可见，国内申请人在专利申请上，十分青睐于实用新型专利。

国外来华实用新型专利申请量增速明显，国外大型跨国企业布局中国市场：近年来，国外在中国的实用新型专利申请量持续快速增长，申请量居前6位的国家依次为日本、美国、德国、韩国、瑞士和法国。其中，来自日本和美国的实用新型专利申请量分别约占1/3和1/4。

中国国家知识产权局数据显示：自2008年以来，国内本土实用新型专利申请增速与国外来华申请增速就胶着不下，2011年国外来华实用新型专利申请量的增长更是较上一年提升了60%，远高于国内本土申请40%多的增长率。从申请人排行来看，2011年国外来华实用新型专利申请量排名前10位的申请人均为著名的大型跨国公司，这些跨国公司除了使用其总公司的名称申请外，其在中国的子公司、独资公司和合资公司的实用新型专利申请量也较多，如美国苹果公司的实用新型专利申请同比增长268%。

中国实用新型专利制度不断完善：从制度上看，作为中国专利制度的重要组成部分，实用新型专利制度也在不断地趋于完善。

不过在这些现象和数字背后，中国实用新型专利依然存在一些隐忧：

申请不能代表保护

众所周知，专利的本质是“用公开换保护”，所有的专利申请最终的目的都是希望通过专利内容的公开来换取对专利权的独占，从而实现在一定范围的保护力。

我国对于专利产出的统计一般会以申请量作为基础的衡量标准，尤其对于利用国家科研经费的科技机构和得到研发支持的企业而言，专利申请数量是用来衡量其业绩的最直观的重要指标之一。因此，对于以应用科研为主的机构而言，只要申请了足够多的专利，就可以表明自己的工作成绩。尤其是中国实用新型专利，由于其“公开即授权”的特点，使得实用新型专利的审查流程相对简单，审查周期也相对较短，因此成为很多申请人（专利权人）进行专利保护的利器。但是如此大规模的申请量背后，其有效专利的情况却不容乐观。1985—2011年，中国本土实用新型有效专利约为110万件，仅占全部申请量的37.29%；而在同时间段内，国外来华申请实用新型有效专利占比则为50.74%，差距十分明显。

数量不能代表质量

同样，专利数量也并不代表专利质量。在中国专利申请量不断提高的光环下，中国专利的质量也遭到越来越多的诟病。尽管近年来中国高度重视实用新型专利的质量问题，并采取了一系列有效措施，加大了对抄袭现有技术和重复申请等非正常专利申请行为的打击力度，建立专利审查质量的外部反馈体系，并接受公众对包括实用新型专利在内的专利审查工作的监督与投诉。但是中国实用新型专利，尤其是本土申请专利的质量依然堪忧。

2012年12月由国家知识产权局发布的《中国实用新型专利制度发展状况》显示：截至2011年年底，国内有效实用新型专利中，维持3年以上的实用新型专利占52.8%。维持6年以上的实用新型专利占12.9%。这一数据听起来似乎不错，但进一步研究，我们则发现，在这些高维持率的有效专利中，国外来华申请的贡献率更加高。

因此，如何更好地发挥我国的实用新型专利的价值，需要从政府到企业各方的共同努力。

首先，应当从政策制度上保证实用新型专利的创新质量：中国实用新型专利制度虽然起步较晚，但是符合国际公约的基本原则，并与大多数国家做法基本一致。如在审查制度、保护客体、专利权评价报告制度、创造性标准、避免重复授权等方面，中国与目前大多数国家的原则基本保持一致。而在新颖性标准上，比多数国家更高：多数国家对实用新型专利新颖性标准采用相对新颖性标准；中国实用新型专利对新颖性判定中的现有技术标准与发明专利相同，采用的是绝对新颖性标准。这些举措，从制度层面上保证了中国实用新型专利的创新特性，为提升实用新型专利质量提供了法律保障，为后续的技术转化奠定了坚实的基础。

其次，应当从中小企业入手，挖掘实用新型专利的创新价值。中小企业作为创新主体，在世界市场上扮演着越来越重要的角色，中国也不例外。专利制度建立之初的中国，科技创新能力相对薄弱，众多中小企业发明创造水平较低，创新成果多是小发明、小创造。这类小发明、小创造虽然技术含量低于发明专利，但同样有利于促进科学技术进步和经济社会发展，同样需要得到适当的保护。中国实用新型专利制度正是为保护这类发明创造而建立的。而申请实用新型专利，已成为中小企业实施知识产权战略、促进自主创新的重要手段。尤其是受制于成立时间短、资金有限、人员不足等原因，中国中小企业很难对复杂的专利制度有透彻的了解，但随着中国实用新型专利申请流程的简化，审查周期的缩短，申请费用的减少等政策，为众多的中小企业开启了专利之门。

第二章

专利分析揭示的真相

传统教材中将“专利分析”定义为“对专利说明书、专利公报中大量零碎的专利信息进行分析、加工、组合，并利用统计学方法和技巧使这些信息转化为具有总揽全局及预测功能的竞争情报，从而为企业的技术、产品及服务开发中的决策提供参考”。这个定义是否已经过时？大数据时代环境下，这样的内容是否能为企业提供决策参考？今天的专利分析到底应该如何进行，通过专利分析又能为我们发现哪些不为人知的真相呢？

第一节 专利分析对企业的价值

2014年4月14日

专利作为现代经济社会中的重要信息，在最近10年的价值已经得到了越来越多企业的了解和重视。在国外，尤其是美国和欧洲，知识产权保护体系相对完善，专利已经成为企业之间竞争的利器；企业专利作为资产储备，在市场竞争中会成为攻击对手的武器或成为被攻击的软肋。

从专利数据的基本属性来看，其公开性使它比研发或市场统计数据更容易获得，它统一规范的特征也为分析研究提供了便捷性。不过，虽然专利与企业经营活动有着密切关联，但这种关联却深深地隐藏在专利信息的宝库中。只有充分地运用各种分析方法，才能真正探寻、研究专利信息之间的互相关联性，将已经或将要发生的客观事实以科学的手段展现在我们面前。那么究竟如何利用专利分析为企业发展提供决策支持呢？

知己知彼，百战不殆：挖掘技术态势

承载技术信息是专利的重要特征之一，通过专利信息分析，可以了解企业技术合作、技术许可动向，预测新产品、新技术的推出等。一般来说专利技术分析包括产业和技术发展趋势分析、技术分布分析和核心技术挖掘。对企业最简单的技术分析是根据行业固有的技术领域分类或者IPC分类进行相关技术专利的统计；也可以进一步尝试结合企业的具体业务发展状况，绘制技术路线图，挖掘重点/核心专利，从而判断和预测企业技术和研发的变化。

合久必分，分久必合：洞察法律风险

企业法律风险是引起专利诉讼的根源。近年来在世界范围内愈演愈烈的智能手机/移动设备领域专利大战，参与的公司都是市场上的强者：如Google、苹果、三星、HTC、Oracle、微软、摩托罗拉等。一般来说，法律信息分析重点在于专利性分析和专利侵权分析，其中专利性分析和专利侵权分析的共同点在于对专利权利要求本身的解读和分析。除此以外，还可以运用专利引证、被引证分析方法对申请人进行研究，关注一些特殊转让、许可等专利运营活动，通过专利细节对企业法律风险进行一定的预警。

水能载舟，亦能覆舟：锁定研发团队

企业研发团队的研究主要有两个作用：一个是对内“合理用人”，另一个是对外“精准挖人”。在专利分析中，最常见的是根据发明人专利申请件数多寡，来判断该发明人的重要程度。此外专利分析还可以结合发明人的背景资料、申请阶段、申请内容、合作发明人（发明团队）等来进行，这样不仅可以使企业更加充分地了解自身的人才布局问题，也是光明正大获取竞争对手人才信息的重要手段，对于研究企业发展至关重要。

总而言之，从企业管理的角度来看，专利分析所能涉及的方面十分庞大，绝不仅仅只是传统意义的技术分析等，更蕴含着经济、市场、竞争、法律、人力资源等企业诸多方面，值得我们好好研究，探索更多的分析维度和方法。

从技术管理上来看，企业应当通过专利分析，构建合理的专利布局，在专利申请上应该更加有针对性和前瞻性

（1）打造系统化的专利主题申请，形成技术创新合力。尽量围绕公司的重点发展领域以及重点产品，有针对性地打造主题专利群。

（2）关注新兴领域专利，赢得未来技术先机。如北京大学李晓明教授就曾这样评价百度的“框计算”相关技术专利，他指出：技术专利，已经成为企业乃至国家之间竞争的重要武器，与美国相比，我国在互联网技术专利的形成与申请方面仍然有不小差距，拥有更多像“框计算”这样的核心前瞻性技术专利，对于国家信息业的未来发展至关重要。

从风险管理上来看，企业应当通过专利分析，提升预防法律风险，提前规避专利诉讼的能力

（1）通过个人申请或者合作申请，预防专利风险。如通过与研究所、高校合作或者由企业内部个人的名义提前进行专利申请，并努力将这个过程大大提前，从而预防后续可能引发的专利风险，同时也可以作为蒙蔽竞争对手的有效手段。

（2）通过收购、交换和许可等手段，规避诉讼风险。如 Facebook 为了应对竞争对手的专利诉讼，在仅一个月的时间内，抢购了逾 1400 项专利，通过专利权的收购，Facebook不仅提高了自身在诉讼中的地位，而且积聚了资本以应对那些因Facebook上市而意欲起诉Facebook的其他公司。

从战略管理上来看，应该尽早将知识产权战略纳入到企业整体战略规划中，成为企业市场战略、人力资源战略和技术研发战略中的重要组成部分

建立规范的公司内部申报制度，乃至知识产权战略规划，对于提高公司专利申请质量和提高管理效率都有着重要作用。此外，挖掘专利盈利的新渠道也成为以后企业专利战略的大势所趋。全球最大专利拍卖公司ICAP专利经济行CEO迪恩·贝克尔（Dean Becker）曾说过：“还有很多有价值的专利等待销售，市场中每一个运营公司都会因为专利诉讼面临损失、分心和潜在的财务风险。”可见，目前企业对于专利价值的挖掘还远远不够。老牌IT厂商IBM，正在成为通过专利累积财富的互联网公司代表；同样拥有2万多项专利的IT巨头微软公司，也通过授权方式与Facebook达成合作。这些巨头在专利储备达到一定规模后，已经将专利作为公司有价值的资产和产品进行交易，开拓出新的盈利渠道。

第二节　专利风险预警：Facebook

2014年4月15日

提到专利风险，我们最容易联想到的就是近几年来愈演愈烈的企业专利战争。三星VS苹果、中兴VS爱立信、华为VS思科，等等。相信大家都有这样一个疑问：既然是专利战，那么是否可以通过专利分析的方法来梳理竞争的格局，进而对诉讼风险进行预警呢？

Facebook作为目前世界知名的社交网络服务网站，于2004年2月4日正式上线。2012年2月1日，Facebook正式向美国证券交易委员会（SEC）提出首次公开发行IPO申请，目标融资规模达50亿美元，并任命摩根士丹利、高盛和摩根大通为主要承销商，成为硅谷有史以来规模最大的IPO。2012年5月18日，Facebook正式在美国纳斯达克证券交易所上市，开盘价42.05美元，市值达到1152亿美元，这也成为历史上规模最大一宗科技公司IPO。

作为迅速迭代的互联网企业的代表，Facebook在市场上的优异表现得益于其在技术上的不断创新和发展，这期间专利的作用不容忽视。

Facebook从诞生之日开始，就一直和专利问题纠缠不清，尽管在市场上Facebook已经取得了骄人的成绩，但是随着企业的进一步发展，专利战争这一没有硝烟的战场将成为互联网等新兴科技企业激烈争夺的核心地带，专利的多寡已经成为评价企业技术创新能力的重要指标，而专利诉讼也将成为现代企业竞争和发展的必争之地。

根据CNIPR和Totalpatent数据显示：截至2012年6月，以Facebook为申请人的全球专利申请共计247件，其中WO专利申请为69件。Facebook在2012年以前都不是特别关注专利申请，无论从专利申请量还是授权量来说，数量都比较少，这也是日后发生专利纠纷时，Facebook一开始处于下风的重要原因之一。

从Facebook诞生以来，其收购步伐就从未停止过，无论是小型的创业公司，还是只有几人的创业团队，只要与Facebook目前或未来的发展方向相关，甚至仅仅是出于人才竞争考虑，Facebook从不吝将其收入囊中。尤其是在上市之后，其收购金额和速度都更为迅速。2007年至今，Facebook收购了20多家创业型公司/团队；但与轰轰烈烈的收购情况相比，Facebook对于这些收购公司的技术保护却显得十分薄弱。TotalPatent数据显示：截止到2012年5月，Facebook收购的24家公司已申请专利仅有4件：1件来自SNAPTU，名为"Device, system and method for providing distributed online services"（公开号：EP2347338），3件来自MailRank，名为"Ranking messages in an electronic messaging environment"（公开号：US8095612，WO2010033784，US20100077041）。

由于这些收购的公司/团队属于初创型，受规模限制，很少会进行专利申请。即便被Facebook收购后，相关技术的专利申请也乏善可陈。

因此，尽管Facebook的收购步伐迅猛，但是缺乏必要的专利保护，将十分不利于Facebook以后的发展。

由于Facebook的高速成长与专利拥有量的稀少形成明显反差，导致其十分容易成为某些竞争对手或专利流氓公司攻击的对象。据路透社调查报告显示：仅2011年，以Facebook为被告的专利侵权案件就达22件。这种状况不仅使Facebook在产品研发和品牌上受到了较大的冲击，最严重的莫过于2012年初IPO的受阻。

Facebook在2012年2月申请IPO之后，就遭遇了5起专利诉讼，如图2所示，其中最为激烈的是来自雅虎的诉讼。尽管最终Facebook通过反诉讼等一系列的方式，于2012年7月与雅虎达成和解，但是该事件对Facebook的IPO之路还是造成了比较严重的影响。

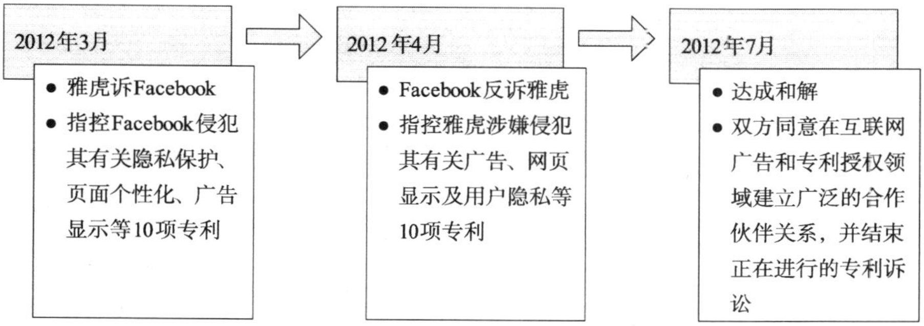

图2　雅虎与Facebook专利诉讼过程

2012年3月13日，雅虎在前首席执行官斯科特·汤普森(Scott Thompson)领导下发起了这项专利侵权诉讼。指控Facebook侵犯10项技术专利，具体专利见表1：

表1　雅虎诉讼Facebook专利列表

申请年份	名称	公开（公告）号	公开（公告）日	原始申请人
2005	World modeling using a relationship network communication channels to entities	US7747648B1	2010/6/29	Yahoo! Inc
2007	System and method to determine the validity of an interaction on a network	US7668861B2	2010/2/23	Yahoo! Inc
2005	Control for enabling a user to preview display of selected content based on another user's authorization level	US7599935B2	2009/10/6	Yahoo! Inc
2001	Online playback system with community bias	US7454509B2	2008/11/18	Yahoo! Inc
2003	System and method for instant messaging using an e-mail protocol	US7406501B2	2008/7/29	Yahoo! Inc
2003	Method and system for optimum placement of advertisements on a webpage	US7373599B2	2008/5/13	Overture Services, Inc
2004	Method and system for customizing views of information associated with a social network user	US7269590B2	2007/9/11	Yahoo! Inc
2003	Method and system for optimum placement of advertisements on a webpage	US7100111B2	2006/8/29	Overture Services, Inc

续表

申请年份	名称	公开（公告）号	公开（公告）日	原始申请人
1999	Method and system for optimum placement of advertisements on a webpage	US6907566B1	2005/6/14	Overture Services, Inc
1997	Dynamic page generator	US5983227A	1999/11/9	Yahoo, Inc

数据来源：美国专利商标局、Totalpatent。

这10件专利，包括4件广告显示专利、2件隐私保护专利、2件页面个性化显示专利、1件社交网络专利和1件短信通讯专利，几乎覆盖了当时Facebook的主要产品和功能，对即将上市的Facebook造成了巨大危机。值得一提的是，其中有1件专利尚未获得授权。

究其原因，专利诉讼只是手段，实际上雅虎是希望通过专利诉讼换取市场和经济上的利益。因为在2011年第一季度，Facebook在广告市场已经占据31.2%的市场份额，而雅虎以10%位居第二。[1]面对Facebook迅猛的发展态势，雅虎针对其关键产品和功能展开攻击，如同当年狙击谷歌一样，雅虎或希望通过专利诉讼，为自己换取一定数量Facebook的股票。

尽管随后Facebook通过一系列的专利购买，应对这一危机。根据美国证券交易委员会（Securities and Exchange Commission）的2012年第二季度文件显示，Facebook在2012年上半年就花费了6.33亿美元购买专利，其中5.5亿美元用于从微软购买了650项AOL专利，8300万美元用于从IBM购买的750项专利。有业内人士表示，Facebook近期所进行的两项

[1] 数据来源：市场研究公司ComScore报告。

大宗专利权收购，部分原因是这些专利与雅虎的运作以及产品有一定的关联，出于应对雅虎的专利诉讼。在进行大规模专利收购之后，Facebook 开始了坚决的反击，反控雅虎侵犯其 10 项专利：指控雅虎涉嫌侵犯其有关广告、网页显示及用户隐私等多项专利。表 2 是 Facebook 在此次反诉中，提到的雅虎涉嫌侵犯的 10 项专利内容：

表 2　Facebook 诉讼雅虎专利列表

申请年份	名称	公开（公告）号	公开（公告）日	原始申请人
1996	Method for enabling a user to fetch a specific information item a set of information items, and a system for carrying out such a method	US6216133B1	2001 / 4 / 10	U.S.Phi, ips Corporation
1997	System and method for dynamic profiling of users in one-to-one applications	US6236973B1	2001 / 5 / 22	New York University
1999	Headline posting algorithm	US6288717B1	2001 / 9 / 11	DUNKLE TERRY
1999	Customizing database information for presentation with media selections	US6411949B1	2002 / 6 / 25	Koninklijke Philips Electronics N.V.,
2005	System and method for dynamic profiling of users in one-to-one applications and for validating user rules	US7603331B2	2009 / 10 / 13	New York University

续表

申请年份	名称	公开（公告）号	公开（公告）日	原始申请人
2006	Generating a feed of stories personalized for members of a social network	US7827208B2	2010/11/2	Facebook, Inc
2006	Tagging digital media	US7945653B2	2011/5/17	Facebook, Inc
2009	Architectures, systems, apparatus, methods, and computer-readable medium for providing recommendations to users and applications using multidimensional data	Us8103611B2	2012/1/24	New York University
2010	System for controlled distribution of user profiles over a network	US8005896B2	2011/8/23	Cheah IP LLC
2011	System for controlled distribution of user profiles over a network	US8150913B2	2012/4/3	CHEAH CHRIS

资料来源：美国专利商标局、Totalpatent。

从以上专利可以看出，10件专利全部为已授权专利，但其中直接以Facebook为申请人的专利仅有2件：分别为《Generating a feed of stories personalized for members of a social network》（公开号：US7827208）和《Tagging digital media》（US7945653）。涉及Facebook的核心技术之一Feed订阅以及有关标注数字媒体内容的技术。

剩下的8件原申请人均不是Facebook，可见这批专利都是来自于收购。这些专利为Facebook的反诉讼发挥了巨大作用。

最终在2012年7月，Facebook和雅虎达成了一项战略性协议，双方同意在互联网广告和专利授权领域建立广泛的合作伙伴关系，并结束正在进行的专利诉讼。协议扩展了双方现有的合作，包括专利组合的交叉授权，以及在奥运会或超级碗大赛（Super Bowl）等主要媒体事件期间，在广告销售上进行合作。Facebook与雅虎此前的合作，主要涉及允许Facebook用户共享雅虎旗下网站的内容。❶

试想如果Facebook可以提前对自己和竞争对手的专利进行分析和研究，如图3所示。

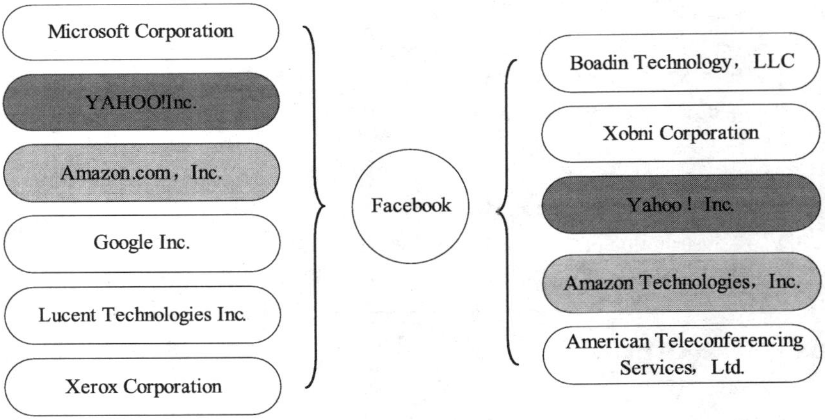

图3　Facebook美国专利引证/被引证申请人关系图

注1：专利数据为公开号以US开头的美国专利数据；颜色越深表示引证/被证次数越多。

数据来源：TotalPatent、search. Cnipr. com，截止到2012年6月。

通过引证分析我们可以看到：在美国，Facebook专利在各家互联网、

❶资料来源：http://tech.hexun.com/2012-07-07/143306572.html。

科技公司之间的引证、被引证情况十分普遍，Facebook专利大多引用了微软、雅虎、亚马逊、谷歌等公司专利，其中引用微软专利的次数达到了5次；而Facebook的专利则被Boadin Technology引用最多，达到了34次。值得一提的是，Facebook和雅虎、亚马逊存在互相引用的情况。这些都可能成为日后合作的机会，也将是风险的来源。如果能通过专利分析，提前捕捉到这些专利中的“秘密”，并合理进行专利布局和储备（包括申请和购买），也许后续Facebook就不会如此的仓皇和被动了。

第三节　专利技术路线图:百度

2012年10月16日

随着世界技术竞争的日益激烈,各国企业纷纷开展专利战略研究,而其核心正是专利分析。作为企业竞争情报中不可或缺的一部分,以及基于专利信息本身的特点,专利分析在洞察企业竞争动向上有着独特的价值和实用性。

通过对专利说明书、专利公报中存在的大量零碎的专利信息进行分析、加工和组合外,利用定性和定量分析相结合的方法,尤其是引入大数据分析的思路,使得有些分散、晦涩的专利信息转化为具有总揽全局及预测功能的竞争情报,从而为企业的技术、产品及服务开发、市场拓展及人才引进等提供决策参考。专利分析不仅是企业争夺专利的前提,更能为企业发展其技术策略和评估竞争对手提供有用的情报。

承载技术信息是专利的重要特征之一。通过专利分析,我们可以了解企业技术合作、技术许可动向,预测新产品、新技术的推出等,通常用到的方法包括IPC分析、技术点(分支)分析、技术路线图等。

一般情况下,对企业最简单的技术分析是依靠专利文献中现成的

IPC（International Patent Classification）的分类信息进行简单统计。IPC是国际专利分类的简称，是目前国际上通用的专利分类系统。《国际专利分类表》（IPC分类）是根据1971年签订的《国际专利分类斯特拉斯堡协定》编制的。三十多年以来，IPC对于海量专利文献的组织、管理和检索，做出了不可磨灭的贡献。为了让IPC名副其实地成为世界各国专利局以及其他使用者在确定专利申请的新颖性、创造性时进行专利文献检索的一种有效检索工具，IPC联盟大会成员国、世界知识产权组织（WIPO）在1999—2005年对国际专利分类表进行了改革，将第8版IPC分成基本版和高级版两级结构。第8版IPC基本版约20000条，包括部、大类、小类、大组和在某些技术领域的少量多点组的小组。第8版IPC高级版约70000条，包括基本版以及对基本版进一步细分的条目。高级版供属于PCT最低文献量的工业产权局和大的工业产权局使用，用来对大量专利文献进行分类。因此，通过IPC的分布、变化趋势等了解特定申请人的研发重点及研发动向，是业内最为常规的技术类专利分析方法。

尽管IPC分析对于初级的专利技术点分析而言，十分的便捷和清楚，但是随着新技术的不断涌现，企业希望对特定申请人的研发情况有更加深入的了解，同时不同企业技术发展水平程度的差距等多种因素，在具体的专利分析中，利用IPC进行技术分析还是不够深入和细致的，因此我们可以采用人工（机器辅助人工）标引的方式对专利的技术主题进行分析统计的方法，同时结合目标企业不同阶段的产品研发、市场业务等情况，参考企业的经营数据，相关产业和技术领域的领先者及竞争对手的专利研发数据，对行业技术整体发展趋势、企业技术领域分布以及核心专利侧重等多个维度进行专利分析，为企业决策者把握特定技术的开发提供参考依据。

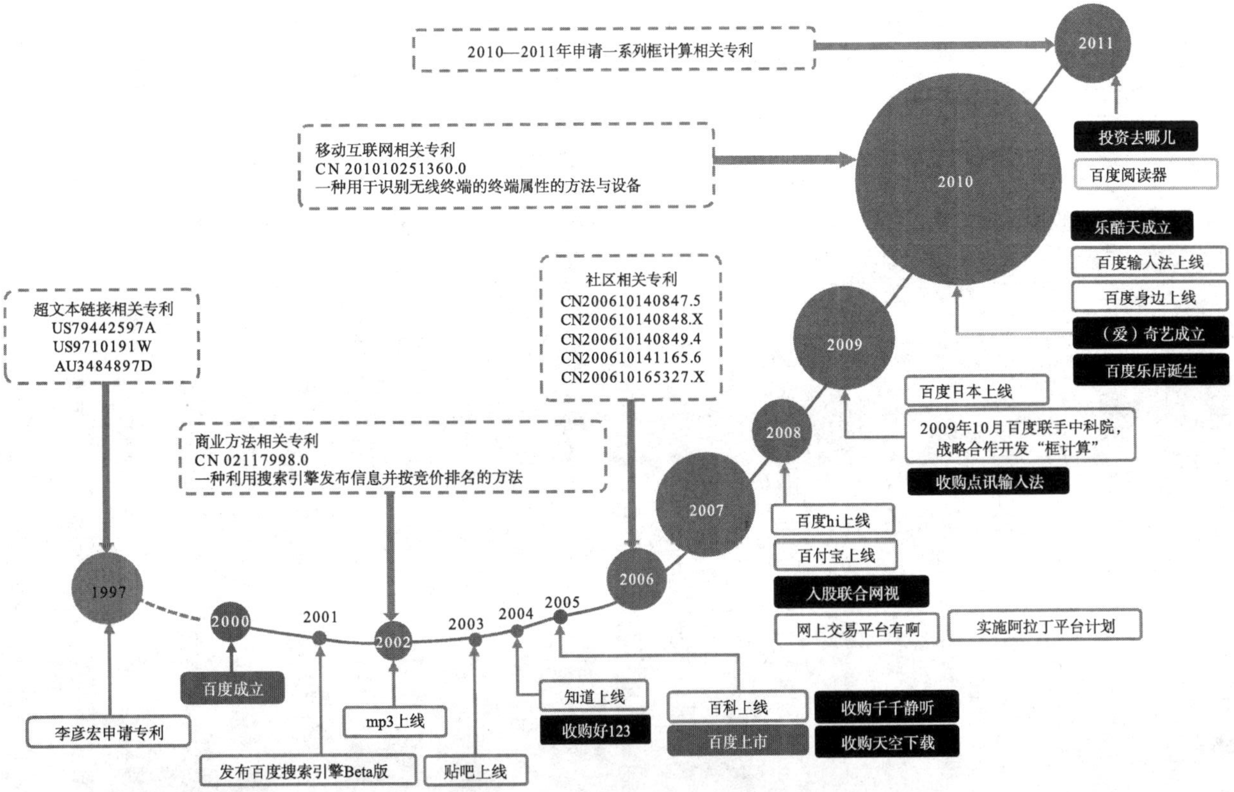

图4　百度公司专利申请与业务发展路线图

注：圆圈大小代表专利数量多少。
资料来源：search. cnipr. com，截止到2012年9月。

由图4可以看出百度专利申请呈现出以下四个阶段：

（1）2000—2002年：公司成立，核心业务申请专利。

2000年，李彦宏带着1997年分别在美国、澳大利亚申请的“Hypertext document retrieval system and method”成立百度。此时，百度一方面为搜狐、新浪等国内门户网站提供后台搜索服务，另一方面则在积极进行融资。该年度百度公司作为申请人，仅申请了“中文姓名的计算机及检索方法”一项专利。2001年，百度除了继续向263、TOM提供搜索服务外，于2001年8月发布百度搜索引擎Beta版，从后台服务转向独立提供搜索服务，并在中国首创了竞价排名商业模式，这也是百度以后赖以生存和发展的两大核心：搜索与竞价排名。所以，在紧随其后的2002年，百度在中国申请了与搜索方法相关的若干条专利，尤其是申请了与商业方法相关的专利“一种利用搜索引擎发布信息并按竞价排名的方法”。该专利奠定了国内互联网公司竞价排名的基础。

（2）2003—2006年：社区业务发展，专利申请厚积薄发。

从2003年开始，百度一直专注于产品研发和内容丰富。到2005年，百度的三大社区产品——百度贴吧、百度知道和百度百科先后上线（2003年贴吧上线；2005年百度知道和百科上线），因此2006年百度掀起了申请专利的小高潮，8件申请专利中，有5件都与社区产品相关。

（3）2007—2008年：尝试新业务，专利申请较为分散。

这一阶段，百度以搜索为基础，尝试了多种新业务，其中以“有啊”为代表的电子商务业务最为引人注目。但是这一时期，百度的专利申请无论从数量还是内容上来讲，都显得较为分散。

（4）2009—2011年：“框计算”掀起专利申请高潮并进军移动互联网

2009年10月百度联手中科院，战略合作开发“框计算”，因此从2009年年底开始，百度开始申请了一系列与“框计算”有关的专利，尤其是2010年和2011年两年，与输入技术相关专利的大部分都出现在这段时间。另一方面，2010年百度也申请了第一件关于移动互联网的专利《一种用于识别无线终端的终端属性的方法与设备》，标志了百度开始全面进军移动互联网领域，仅2010年一年百度就申请了近10个关于这一领域的相关专利。

技术路线图是对未来技术、经济和社会发展进行系统研究，明确技术创新过程中知识产权的竞争态势，提出应优先发展的关键技术群、主导产品（产业）及其相互关系，通过时间序列图表描述技术发展优先顺序，实现时间和发展路径，为有效组织技术研发、产品开发和合理配置创新资源奠定基础。在专利分析领域，技术路线图也是目前研究研发方向较为常见的方法，在分析维度上体现的还是时间和重点专利，但其中的难点主要集中在如何判断特定的时间点，以及如何找到特点时间点上的重点专利。

第四节　专利合作分析：小米

2016 年 1 月 18 日

一项技术的研发，往往不是单一的创新者就可以完全实现的，企业在不同合作对象的选择上，也反映出该企业对于某项技术、某个市场的关注程度、甚至未来发展方向。落实到专利信息上，合作申请人、引证分析、法律状态分析等都可以一窥竞争对手研发合作的动向。合作申请人分析是对特定专利申请人专利池中所有合作申请方的分析，可能包括个人、企业、高校科研机构等，这是最直观的反映企业合作研发的指标之一，也是最常用的专利分析方法之一。以小米公司为例，如图 5 所示。

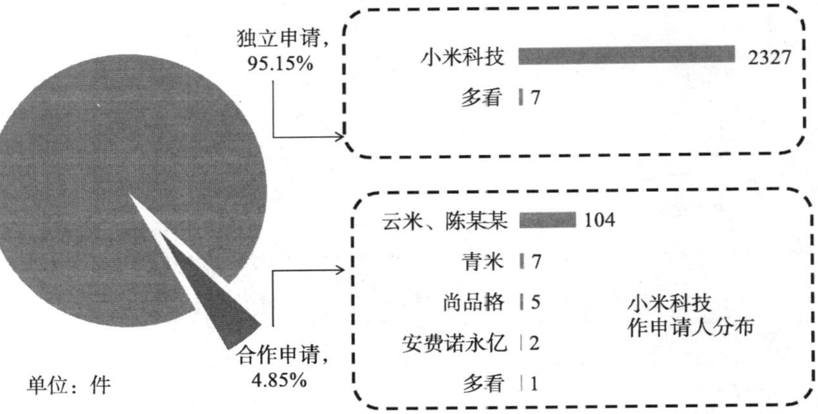

图5 小米公司相关专利申请人分析

数据来源:知识产权出版社i智库《中国互联网企业知识产权发展研究报告》。公开(公告)日截止到2015年12月16日。

从专利申请方式来看,小米公司专利主要都来自于独立申请,占比高达95.15%。合作申请人包括:北京小米科技有限责任公司、小米科技有限责任公司、北京多看科技有限公司(简称"多看")、北京尚品格科技有限公司(简称"尚品格")、佛山市云米电器科技有限公司(简称"佛山云米")、青米(北京)科技有限公司(简称"青米")和上海安费诺永亿通讯电子有限公司(简称"安费诺永亿")7个公司。需要指出的是,北京小米科技有限责任公司已经更名为小米科技有限责任公司(以下简称"小米科技"),以小米科技申请的660件专利中所拥有的591件专利权变更为小米科技有限责任公司。因此,实质上小米公司专利的申请人为6个公司。

"多看"成立于2010年2月,2012年被小米公司全资收购,成为小米公司旗下成员企业,致力于面向互联网的电子阅读和视频的开发与应用,其独立申请的专利量为7件,应用于电子书和视频方面的专利,与小米科技合作申请专利1件,是有关高清互联网电视盒外壳的外观专利。

与小米合作申请专利件数最多的申请人是佛山云米公司和陈××,三者共同合作申请了104件专利,集中在净水设备及技术,其中发明31件,实用新型68件,外观设计5件。佛山云米公司成立于2014年5月6日,主要研发、设计和制造净水设备。据全国企业信用信息公示系统显示,该公司是由小米科技全资子公司天津金星投资有限公司与陈××共同投资成立。小米公司于2015年7月推出了双方合作成果——小米净水器,可以通过Wi-Fi与手机连接,实时查看家中自来水水质TDS值,以及净化后的水质情况,通过手机发送提醒更换滤芯。小米公司抓住饮水环节卫生安全问题,完善小米智能家居产品链。由此也可以看出,小米公司在产品推出前,通过专利申请保护核心技术,不断加强专利保护。

合作申请人青米公司,成立于2014年2月28日,是由北京突破电气和小米科技共同出资,从事智能家居类产品的设计、开发和生产。合作申请的7件专利均是与电器插头、电源转换器相关的专利,其中2件实用新型,5件外观设计。小米公司于2015年3月31日发布了双方合作的首款产品——小米插线板。通过与青米公司合作,小米公司未来在智能家居类产品设计、开发和生产方面拥有了具备丰富经验的专业团队,尤其在产品设计的视觉艺术方面将有进一步提升。

合作申请人尚品格公司,主要从事手机周边产品设计,拥有设计品牌Spingo,与小米科技合作申请了5件外观专利,主要为小米公司设计了绕线器和手机支架,法律状态都为有效。但是通过北京市企业信用信息网查询发现，由于逾期不接受年度检验，2013年10月15日该公司已经被吊销营业执照。

合作申请人安费诺永亿公司，成立于1999年11月29日，主要研究、开发和生产应用于无线通信终端产品的天线及零件。2014年该公司与小米科技合作申请了有关Loop天线系统的发明和外观专利各1件，可以拓宽带宽，增强信号。

由此可见，通过对专利合作申请人的分析，可以从侧面了解专利权人的技术研发动向和市场布局走向，从而为分析竞争对手提供有力的数据支持。

说点其他　苹果又被诉——100亿美元的真相

2016年7月1日

近日，美国佛罗里达州的Thomas S. Ross起诉苹果公司侵权，索赔100亿美元。大部分的“媒体”都报道为：Thomas认为苹果iPhone、iPad和iPod侵犯了自己的专利，要求苹果给出高达100亿美元的赔偿。接着“媒体”又“调查”到：此人在1992年11月的确申请过一款设备专利，但是美国专利局却宣称他们于1995年4月驳回了这件专利申请，理由是该机构一直没有收到其应支付的申请费用。因此，大家基本上都判断此人几乎没有胜算，很有可能此案会被法院驳回，抑或苹果给点小小的安抚费了事。那么，事情的真实情况真的是这样么？

疑点1　手稿，专利附图？No

首先来看看网上盛传的两张手稿图。大家（起码应该有很多人）一定以为此手稿是当时1992年11月12日Thomas S. Ross申请专利的附图，但是其实这两幅手稿是他在1992年5~6月申请的5件版权中的附图。

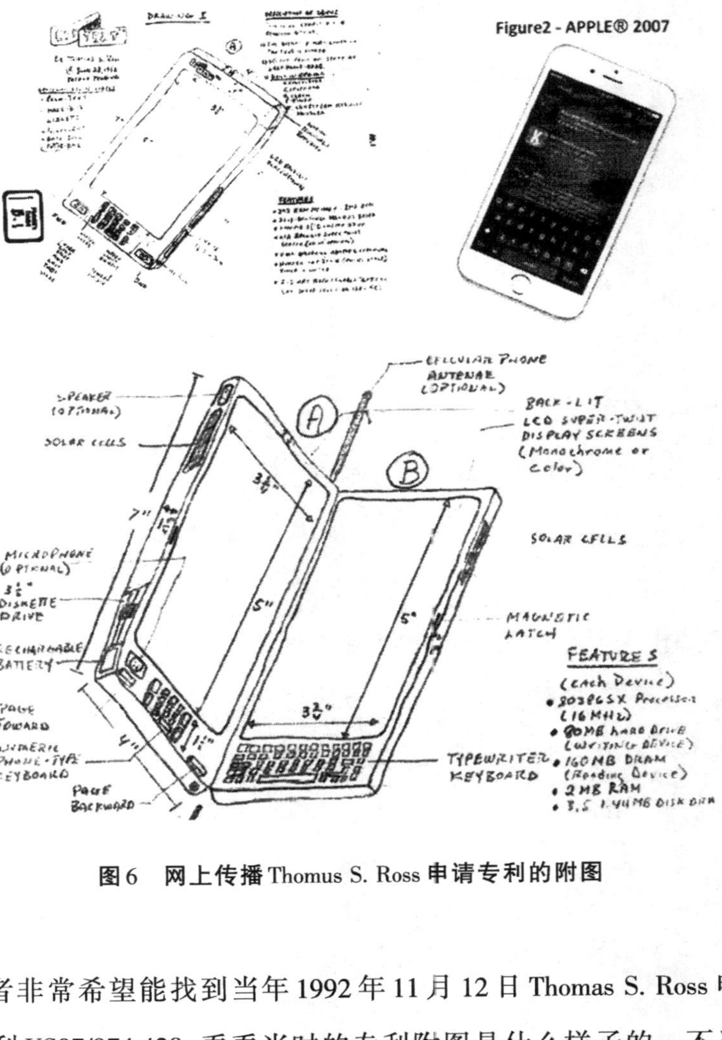

图6　网上传播 Thomus S. Ross**申请专利的附图**

笔者非常希望能找到当年1992年11月12日Thomas S. Ross申请的这件专利US07/974,428，看看当时的专利附图是什么样子的。不过由于最终该专利并没有公开，哪怕在他本人向法院提交的证据里面，该专利也只提供了权利要求书等文字信息，所以究竟专利附图长啥样，我们也就无从知晓了。

但值得一提的是，在1999年的时候Thomas S. Ross又重新申请了一次同样内容的专利US09/245075：**这次他应该是缴纳了足额的费用，但遗憾的是这件专利依然未被授权**——为此，他还在2007年的时候将USPTO告上了法庭，而2009年此案最终是由于时效性问题被驳回（这又一个有趣的案子，此处按下不表）。

疑点2 专利/商标能侵版权的权么？Yes

非常明确的一点是：**无论由于什么原因，1992年和1999年**Thomas Ross**的这两件（其实内容一样）专利都没有获得过权利，所以说苹果公司专利侵了他的专利权是显然不成立的**。不过Thomas S. Ross也不是彻底的“闹太套”，别忘了前面提到的1992年Thomas S. Ross曾经登记过5件版权作品（除了网络盛传的两幅图外，还有另外3件）。

对于美国版权侵权的认定，在Doctor Patent看来，简言之就是“一样原则”，比如：一份描写一个工业过程的论文受版权保护，任何人未得到作者允许不准拷贝这份论文，但这个工业过程本身不受版权保护。不侵犯原作者的版权。至于一个故事、一部小说或电影中的人物是否受版权保护，不同的法庭意见不同。

诚然，Thomas S. Ross靠专利打官司是不成了，但是他的这5件版权却是可以拿来做文章的，对象直指苹果的专利附图以及商标——这才是Thomas Ross真正的诉讼立足点（感觉“媒体”都有点误导大众了呢！）：他想说明苹果并非侵犯了他的专利权，而是他的版权，他甚至列举了自己认为苹果“疑似”侵权的4件发明与13件外观设计（说实话，粗略的比对一下，像不像还真得研究研究！）。

而且，那100亿美元的计算也是人家根据美国版权法一条一条给算出来的，按照Thomas Ross的算法，5件版权的赔偿加起来肯定是超过100亿美元了：他还给了苹果一个友情“打包价”呢！

至此，Thomas S. Ross诉苹果公司事件基本还原完毕，和大家一开始的“想象”还是有一定差距吧？不知道大家感觉如何。但如果抱着“打破砂锅问到底”的精神，有很多事情还是有不少值得挖掘和思考的地方的。

第三章

专利与服务型政府

国家知识产权强国战略中明确指出，切实推动服务型政府建设，以提高政府知识产权部门战略规划、政策引导、社会管理和公共服务能力。随着中国社会公众的知识产权意识越来越强，推动政府服务能力的提升，引导知识产权制度健全发展也至关重要。政府在知识产权（专利）管理中的定位如何？怎样才能更好的引导知识产权（专利）工作的开展？

第一节 专利宏观管理研究初探

2015年6月16日

2001年，中国正式加入了世界贸易组织，标志着中国经济融入全球化的进程进一步提速，同时也表明中国政府必须接受《与贸易有关的知识产权协议》即TRIPs协议。这也意味着中国将严格遵守协议中提到的对知识产权保护的要求。

在这十多年的时间里，中国的专利申请量以及授权量有了飞速地增长。从2011年起，中国已经连续4年成为世界上申请专利最多的国家。2014年，中国专利申请量占全世界总数的1/3，再次带动全球专利的增长。世界知识产权组织（WIPO）总干事弗朗西斯·高锐（Francis Gurry）表示，新数字证明中国正在从“中国制造”迈向“中国创造”。

另外一方面，从WIPO的全球创新指数排名上，中国的创新表现却没有像专利申请增长那样抢眼。根据2014年的报告，中国创新指数排名为第29位。WIPO的创新指数体系包括创新投入指标，包括制度、人力资本与研究、市场成熟度、商业成熟度；以及创新成果指标，包括知识与技术产出、创造性产出。专利作为无形资产的一种属于创造性产出。

可以发现,专利是整个创新体系中的重要一环,但是专利数量并不能完全等同于创新与竞争能力。下面,笔者将通过研究专利宏观管理制度发展较为完善的国家和地区的经验、特点,对专利制度在推动国家创新体系发展、促进技术转让与经济建设等方面所起的作用进行研究,以期对我国制定有关专利宏观管理政策提出相关建议。

专利与创新体系

专利从它诞生之日起就是发明人以公开技术细节为代价,获取有限时间的垄断权利,从而通过这种经济手段刺激发明人投入技术创新。从理论上来说,专利制度政策对于国家或者区域创新是有非常积极的推动作用。而对于创新而言,不能简单地将其理解为新的科技创造,而应当将其理解为满足实际市场需求、解决实际问题和能够在市场上创造经济价值的产物。

TRIPs协议第七章明确注明,知识产权的保护和实施应当为促进技术创新以及技术的转移与传播,增进社会与经济的福祉做出贡献。多位知识产权界知名专家学者都就此问题进行了论述。Elias Dinopoulos提出发展中国家加强知识产权保护对于跨国企业来说,可以有效提高企业的创新能力;Giuseppe Di Vita通过一系列的数据分析,提出TRIPs协议促进了发展中国家的创新水平;作为“开放式创新之父”,Henry Chesbrough在其模型中强调了知识产权对于开放式创新的促进作用。在开放式创新的模式下,专利已经不仅仅是技术创新的产物,而是一个不可或缺的工具。通过专利信息,投资者可以找到合适的专利技术,而发明者所在的企业也可以将与公司商业模式不匹配的专利技术销售出去,为企业创造新的赢利点。而在技术转让许可过程中,作为本身就是法律文件的专利来说,也自然地成为协议谈判双方的重要桥梁。

然而,也不是所有专家学者都对此观点表示认同。美国科罗拉多大学经济学教授Keith E.Maskus通过文献研究以及数据分析,认为对于一个国家或地区而言,知识产权保护强度与对创新的促进作用之间并没有清晰的联系,尤其是对那些较为贫困的国家或地区;Amanda Watson则提出,对于发展中国家而言,更强的专利保护是否能够真正地起到促进创新的作用尚不明朗,很多反对的声音认为这样的政策会让发展中国家无法在技术创新方面赶超发达国家;另外,Adam B. Jaffe等人提出了大量的事实证明,美国专利商标局授权的一些不良授权专利(bad patents)可能搅乱美国的创新体系,拖慢商业发展速度,而政策制定者则应当更加清楚地明白专利政策是如何影响创新体系和经济发展。

综上,专利制度对于促进创新的作用到目前为止,无论是在学术界还是产业界都存在诸多争论。从历史发展的角度来看,专利确实推动了欧美发达国家的技术创新水平。对于创新体系来说,专利制度是其中非常重要的组成部分。这项制度仍然需要研究、实践和发展。专利制度以及政策制定时须考虑其对社会经济发展、科技创新的影响。

专利与技术转让

经济合作与发展组织(OECD)提出技术转让是通过研发成果的披露,与知识产权相关的技术成果的权利转让或者使用许可、教育和培训、企业合资等手段,最终将技术投入实际使用 。专利保护水平的提高在某种程度上会刺激发达国家通过技术转让的方式向发展中国家投资。但是,专利权与国际间技术转让之间的关系并非严格正相关。技术转让还跟技术受让方的技术研发能力、经济环境、市场结构等因素有关。美利坚大学经济学教授、国际知名学者 Walter G. Park 撰文提出,不同技术领域的技术转让效率受专利保护水平的影响也不尽相同。因此,对于专利权与技术转让的关系还需要进行更为精细化的研究。

要让专利制度真正起到促进经济发展,增加社会福祉的作用,必须要建立有关推动专利技术转让的制度与政策。1980 年,美国国会通过的拜杜法案可以说为其他国家促进技术转让,技术的商业化应用,或者说如何建立高校、科研机构与产业界之间的联系具有借鉴意义。该法案的主要内容是明确非营利性组织、高校及小型企业可以保留由政府资助的研究项目成果的所有权以及鼓励高校与产业界合作,从而促进发明的商业化利用 。

当然,完成技术转让并不是一项简单的工作。首先,需要很准确地描述技术范围。由于自然语言在描述技术方面存在天然的劣势,尤其是中文,总会在技术文档中存在一定的模糊性。由于专利制度要求申请人在专利申请文件中必须清楚简明地将所有技术细节进行披露,同时专利权利要求本身就具有法律意义,因此,专利在一定程度上减轻了这个问题的影响。其次,需要让投资人能够知道并且合理地评估技术的商业价值。专利信息的公开在一定程度上起到了广告的功效。但是,还未得到市场验证的技术往往存在较大的投资风险。并且,在转移过程中,并非只需考虑专利文献中记录的核心技术。将专利转化为产品还需要引入大量没有公开的、以商业秘密存在的知识以及实验数据。同时,还需要发明人和投资方共同参与技术商业化的过程。因此,评估专利技术能否得到充分的商业化开发仍然是个难题。另外,合作双方的知识产权管理能力都会影响技术转让的成败以及效率。目前我国只有较少的企业具备了足够的管理能力来应付这种挑战,很多企业尚没有意识将知识产权作为一项重要的无形资产来管理,这种情况在高校尤为严重。

技术转让可以说是专利运用和管理的一项非常重要的内容。成功的技术转让需要合理的制度政策做保障。首先,对于技术创新的刺激应当融入更多的经济因素,用市场的力量来推动技术创新。因此,明确专利技术的所有权、鼓励给发明人更多的利益分配是极为重要的。再者,政府应加强对知识产权的意识教育,将企业的关注重点从专利创造转移到专利商业化运用,挖掘专利的经济价值,进一步加强管理能力建设,鼓励企业参与国际技术转让,融入开放式创新系统中,从而谋求更快的发展。另外,鼓励民间建立技术转让从业者网络,例如,技术转让职业者联盟(Alliance of Technology Transfer Professionals, ATTP)。由于技术转让的工作需要融合法律、技术、商业的知识与经验,因此从事这项工作的人需要知识与信息的交流共享渠道,同时也为技术转让提供桥梁。

专利与经济发展

从立法宗旨上看,专利制度就是通过提高创新能力促进社会经济的发展。事实上,运用得当的专利政策在促进创业环境、改善企业经营、提升国家或区域竞争优势、增加出口产品附加值方面都起到了非常好的作用。

2015年,国务院办公厅印发了《关于发展众创空间推进大众创新创业的指导意见》(国办发〔2015〕9号),表明国家层面对于创业的政策支持,知识产权制度则是促进独立发明人创业、小微企业科技创新的重要杠杆。通常情况下,独立发明人以及小型创业企业在完成技术发明后,面临着技术发展初期市场渠道有限、资金来源不明、缺乏生产制造能力等诸多问题,专利制度提供的有限期技术垄断将为他们提供非常难得的发展空间;同时,通过专利信息的公开传播,有商业价值的专利技术可以吸引到投资人或者合伙人,可观的许可费以及共同开发机会可以为小型创业企业提供支持;当遭遇侵权时,通过赢得诉讼获得相应的赔偿费用,并作为发展初期的资金来源;另外,利用知识产权质押融资政策也可为发展初期的创业企业赢得更多的资金支持。谷歌公司创始人佩奇2001年获得的有关搜索引擎的美国专利(专利号:US6285999B1)为其发展成为市值接近4千亿美元的大型互联网企业提供了坚实的基础。

专利管理与运用能力与大型技术创新型企业的发展同样具有非常紧密的关联,尤其是在经济全球化的信息时代。荣登汤森路透2014年"全球百强创新机构"榜单的唯一的中国大陆企业华为技术有限公司是其中的代表之一,该公司2014年PCT国际专利申请在中国企业范围内排名第一，总共申请了3901件。其完善的内部知识产权管理体系为华为技术创新和全球化发展提供了有力的支撑。另外，在一定程度上加强对知识产权的司法保护以及对假冒、仿造等侵权行为的打击可以提高市场的规范性，由此可吸引国外直接投资。

随着知识产权对经济发展的渗透逐步加深，欧美发达国家也开始利用数据分析的方法研究知识产权与国家或区域经济发展的关系。美国商务部下属经济学和统计管理局、美国专利商标局（USPTO）在2012年联合发布了《知识产权和美国经济》研究报告。该报告称，在美国总共313个产业类型中，有75个产业属于知识产权密集型。2010年，这些产业直接提供2710万个工作岗位，并为美国贡献了5.06万亿美元，占国民生产总值的34.8%，其中26个与专利有关的产业直接提供了390万个工作岗位，而专利密集型产业则占GDP的5.3%。2013年欧洲专利局（the European Patent Office，EPO）和欧洲内部市场协调局（the Office for Harmonization in the Internal Market，OHIM）联合发布了《知识产权密集型产业对欧盟经济表现和就业的贡献》研究报告。该报告也得出了相似的结论，即在2008年至2010年期间，知识产权密集型产业对欧洲26%的就业以及39%的GDP做出了贡献，其中专利密集型产业直接提供超过2200万个工作岗位，而产生的超额附加值超过1.7万亿欧元，占全欧洲GDP的13.9%。

除了发布知识产权与经济发展关系的报告，有关知识产权管理机构也将促进创新和发展直接纳入自己的工作内容。1995年正式实施的TRIPs协议，将加入该协议的国家或地区的知识产权保护水平几乎提到同一水平线，无论是发达国家还是发展中国家。这种较高的知识产权保护水平让经济发展水平较低、技术创新能力不够的国家在国际竞争中明显处于不利的位置。于是，以巴西、阿根廷为首的发展中国家向国际知识产权组织（WIPO）提出了发展议程（Development Agenda）。2007年，WIPO形成了45条发展议程建议，主要包括技术援助与能力建设；准则制定、灵活性、公共政策与公共领域；技术转让、信息与通信技术、知识获取等方面。目前此项工作已经成为WIPO的一项主要日常工作。WIPO的技术与创新支持中心项目（Technology and Innovation Support Center，TISC）为贫穷国家以及发展中国家的技术创新和研发提供了动力。截止到2015年3月底，WIPO已经在世界多个国家或地区建设了208个TISCs。

知识产权制度无论是从理论还是实践上，都推动了社会经济的发展。运用和管理好知识产权可以有效地促进创业、企业经营、国际贸易等。在一些欧美发达国家或地区，知识产权主管机构开始利用数据分析研究知识产权与社会经济发展之间的关联。不仅如此，知识产权更是被视为促进发展的利器，将发展视角直接整合进知识产权政策和项目中。因此知识产权，尤其是专利，必须以更加完整的视角来看待它，如何合理有效地运用知识产权将成为政策制定的重点。

中国专利宏观管理建议

（1）加强融合渗透：中国专利宏观管理的政策制定应站在国家创新体系建设以及社会经济发展等更为宏观的角度去考虑。知识产权管理部门应加强与工信部、科技部、教育部等国家部委的横向交流，将知识产权运用与管理的有关要求融入各相关部委的政策规定，进一步发挥知识产权在中国经济发展中起到的作用。

(2)提升政策研究能力:针对专利制度与政策对经济社会发展、区域或企业创新能力和专利技术转让的影响,研究建立评价指标体系,评价专利相关制度、政策的执行效果,通过交互式可视化的方式向社会公众发布。定期研究专利对不同领域产业发展(互联网、化学生物医药、电子、计算机、机械、农业、绿色环保等产业)的影响,并主动将研究报告以及措施建议发给相关领域的国家主管部门。分析研究采用大数据的理念,综合采用商业市场、法律诉讼、技术信息、竞争情报等多方面的数据,必要时需要采用企业级的数据进行分析研究。良好的专利(或者说知识产权)分析研究能力是一个知识产权强国的重要标志之一。

(3)完善技术转让体系:提高技术转让机构的知识产权管理能力,制定发布企业知识产权技术转让最佳管理实践手册,提供更多的培训机会,进一步规范技术转让服务市场。进一步明确高校、科研机构的技术成果所有权归属,并提高对发明人的经济鼓励,释放其创新创业的活力。与中科院、重点大学进行深度合作,通过项目制的方式,协助其建立知识产权管理及信息利用的能力和体系。鼓励民间建立类似美国高校技术管理者联盟(AUTM)的高校技术转让网络平台,加强技术转让从业者之间的经验交流和信息共享。

(4)建设地方创新支持中心:在各地方建立技术转让与创新支持中心,或在现有机构增加相应的职能,主要加强高校、科研机构和当地企业之间的沟通与协调,提高高校、科研机构和中小企业的专利(知识产权)管理与运用意识与能力,尤其是专利信息检索、分析的能力,提高专利技术的商业化应用。

（5）提升知识产权服务水平：整合知识产权web信息资源，为社会公众提供“一站式”、信息架构清晰、方便快捷、性能优良的在线信息服务平台；通过基础知识产权数据的批量下载，为增值服务提供重要的资源保障，并进一步推动与企业知识产权决策有关的其他信息的公开进程；进一步加强知识产权代理服务、法律服务、咨询服务、信息服务等服务规范，建立公开透明的服务机构信息查询与反馈评价机制；定期组织知识产权管理与运用方面的培训，并发布在线培训视频。

第二节　从政府角度看专利大数据

2014年6月23日

今天想分享涂子沛先生的大作《大数据》。这本书名字虽然是大数据，但其中大部分的篇幅都在描述美国政府信息自由与公开的历史、如何利用数据进行治理和服务以及公民隐私保护方面的民主思辨，当然也谈了一些与技术运用有关的内容。

总体上说，这是一本写得非常精彩的书；阅读的过程就好像是在看一场展现美国人民和政府开放数据、利用数据的历史片，也好像在和涂子沛先生本人进行着面对面的交流，非常有趣。不过作为一名专利从业人员，更多地是想站在政府的角度谈谈专利数据的问题以及我国政府应该如何更好地利用专利大数据。

曾有机构对目前知识产权业界影响力较大的专利信息服务商进行了研究，发现排名靠前的基本上都国外的企业。即使目前国内较为知名的专利信息服务商，在与很多国外互联网信息服务商相比时，还是显得相形见绌。

究其原因，最为主要的是这个市场太小，也就是需求太少。如何解决这个根本性问题，李克强总理在今年两会政府工作报告中提到“加强知识产权保护与应用”并给出了答案。专利本质上是一种排他权，没有好的保护环境，谁会愿意投入金钱和精力折腾这个事呢？另一方面，专利排他权的获得是以向社会公众公开发明技术细节为代价的，专利应用很大程度上可以说是对专利信息的利用。

《大数据》中提到美国奥巴马上台后，大力推行政府信息公开，任命昆德拉作为联邦政府第一任首席信息官，建立Data.Gov。政府掌握的数据不再保密，而是所有社会公民都可以获取、使用，各种社会力量百花齐放，纷纷利用政府公开的数据开发符合社会需求的应用，让整个市场最大限度地活跃起来。无论意识形态、政治理念如何不同，这种服务型政府的做事态度和方式是相通的。要想让我国专利信息服务市场活跃起来，让社会公众、企事业单位以尽可能低的边际成本获取到高质量、符合需求的专利数据（更加准确地说，是以专利数据为核心，收集、加工、关联和整合其他领域数据的集合）是基础的基础。

在具体的技术层面而言，其实只要能保证信息安全，不是所有资源都必须要独享，资源的位置并不重要，重要的是如何将这些资源关联起来，如何方便、有效地使用这些资源。社会公众和企事业单位在访问和下载专利数据时，无须下载到本地；可直接在云平台上申请计算和专用存储资源来处理、分析专利数据；可以直接在平台上发布数据分析结果。甚至，他们可以在云平台上自行开发自己的应用，并利用这个通用的平台发布自己的应用；可以在平台上定制自己个性化的服务环境，收集掌握用户的访问行为信息，用于对应用进行优化改进。政府只需要研究制定好数据标准和规范，让数据收集、利用、开放以及平台运营更加健康有序。

大数据是现在炒得越来越热的一个词，甚至有点滥用的趋势。有些人一谈到大数据就和个人隐私、权利滥用挂钩，认为Big Data基本上就等同于Big Brother。美国的数据发展是在司法、国会、政府之间的博弈中慢慢地发展起来的，有关信息自由、隐私保护的法律也在漫长的岁月中逐步完善起来。在中国，这方面的法律法规还不健全，难怪产生了很多反对和质疑的声音。但是，这依然可以说是改进政府工作模式，提高服务能力和水平的良方。尤其是对于市场还处于雏形的专利行业来说，更加透明、公开、创新的理念和方法是所有从业者最明智的选择。

借用《大数据》中的一句话与各位共勉："大数据之大，将不仅仅意味着数据之多，还意味着，每一个数据都能在互联网上获得生命、生产智能、散发活力和光彩"。

第三节 完善我国专利信息服务体系

2015年6月16日

随着互联网、云计算技术的发展,社会公众已经越来越习惯于在互联网上搜索信息,网站和手机APP成为目前最为主流的信息传播与服务渠道。同时,科技企业、科研院所、独立发明人也同样需要本地化的指导与服务,更好地为潜在的创新创业提供支持。

网站公共信息服务、各地方专利信息服务中心和商业专利信息服务商相互作用,在整个专利信息服务体系中形成一个有机整体。一方面,公共信息服务的不断改善将推动商业专利信息服务水平的提高;另一方面,商业专利信息服务商的商业宣传活动及优质服务也将提高社会公众的专利信息利用意识。

为了体系能够可持续地运转,需要专利主管行政单位、各地方专利信息服务中心以及专利信息服务商搭建沟通交流网络平台。通过该平台,专利主管行政单位一方面可以收集其他相关方的反馈意见,改善其服务水平,另一方面平台也起到市场监督的作用;地方专利服务中心之间可以交流经验，取长补短，提高服务能力和水平；专利信息服务商之间不仅可实现沟通学习的功能，同时还可实现行业自律。最后，专利信息服务评价指标的建立和持续跟踪也是促进体系优化的重要因素。

公共信息服务

通过向公众提供性能优良、数据覆盖范围全、更新及时的“一站式”在线专利信息服务平台，确保有一定专利检索能力和经验的用户可以通过该渠道获取专利信息。

对于目前专利主管行政单位的网站，其信息组织架构应更加清晰，按照专利的整个生命周期布置信息与服务，并让政策法规、专利申请、专利检索、权利转让、实施许可、质押融资、专利代理服务机构、公共专利信息服务机构、专利统计数据图表等用户关注的信息占据系统更为醒目的位置，确保网站主要用户（包括专利申请人、法律从业人员、科研人员等）都可以方便快捷地找到有关专利信息。

建立方便快速的批量专利数据分发渠道，为扩大专利信息服务市场提供良好的资源基础。

地方专利信息服务网络

加强地方专利信息服务网络的服务职能，确保在各省市有创新技术但尚不具备专利信息检索能力的企业或发明人可以通过该渠道获取专利信息，使其真正成为服务地方经济、科技创新的孵化中心。

专利主管行政单位应更好地整合资源，对地方中心的服务人员开展专利信息检索、分析以及工具使用方面的培训，每一个中心至少有一名专利信息专家，精通专利法律知识、申请流程、专利信息知识和使用技能。在资源供给方面，也可适当考虑差异化，即可提供比官方网站上提供的在线公共信息服务更加高效的服务工具，进一步提高地方服务中心的服务能力。

地方服务中心的工作也不仅限于专利信息检索与分析，还应包括对地方企业开展宣传培训，并提供专利申请、权利转让、实施许可、质押融资以及法律诉讼等方面的事务咨询服务。地方服务中心应更加主动地为当地的中小型创业企业以及高校、科研机构服务，以专利信息检索与服务作为基础，促进地方专利技术的转移，让专利有关活动不止步于申请或者授权。

商业服务

仅有公共服务是无法满足我国迅速增长的专利信息服务需求的。一定数量规模且具备较强服务能力的专利信息服务商才足以满足所有经济实体的需求。

一个快速增长、制度健全的市场对专利信息服务商的壮大是至关重要的。专利主管行政单位和各地方专利信息服务中心，应扩大专利信息服务市场需求，并加大对社会公众专利信息利用意识的培养，明确专利信息是服务于从概念到产品的整个创新生命周期，而非仅仅适用于某一个或几个阶段；专利信息服务商自身也应该通过各种渠道，加强宣传，做大市场。由于在选择服务商的过程中，成本是一个必不可少的考虑因素，因此整个市场应该更加多元化，既需要大而全，同时也需要小而精。

服务商需要注重自身能力建设，在服务模式方面，应更好地融入客户的商业决策制定过程；在数据资源方面，应该在专利行政主管单位提供的基础数据上进行加工处理，利用大数据的理念，汇集商业、法律、科技等领域更高质量的信息，提供更为准确的决策信息；在服务工具上，应该更加智能、易用、易理解，中文专利信息语义分析、机器翻译等技术仍需要进一步研发投入；在人才组成方面，同样需要汇集工商管理人才、律师、科技专家、信息处理专家等多个领域的人才。

第四节　政府机构在专利运营中的定位

2016年7月28日

市场失灵理论认为:完全竞争的市场结构是资源配置的最佳方式,但在现实经济中,完全竞争市场结构只是一种理论上的假设,理论上的假设前提条件过于苛刻,现实中是不可能全部满足的。由于垄断、外部性、信息不完全和在公共物品领域,仅仅依靠价格机制来配置资源无法实现效率的帕累托最优,出现了市场失灵。当市场失灵时,为了实现资源配置效率的最大化,就必须借助于政府的干预。

在专利领域,市场失灵同样存在。大中型企业创造新技术和新方法,通过政府主管部门登记注册、申请专利,利用法定的程序来保护其技术或方法的独占性,从而在市场上形成垄断,依靠其垄断地位而获得较高的收益,这种垄断最终损害的是社会公共利益。而与此同时,中小企业普遍缺乏创新的能力。由于资金、技术、人才等方面的不足,中小企业缺乏创新的潜力,甚至更为严重的是,不管是大中型企业还是小型企业,大部分根本没有创新的意识,也没有专利概念,因而在中国市场上，仿冒、假冒盛行。因此政府必须介入，规范市场秩序，建设一个良好的市场环境，既用制度来鼓励创新，同时又利用制度来防止市场垄断地位的滥用，通过提供制度安排来达到专利的创造、运用、管理和保护。此外，由于有些领域投资数额巨大、周期长、风险高，如航天航空行业、通讯信息行业和生物医药行业等，企业不愿投资或无力投资，此时政府应该介入，或提供信贷和税收方面的优惠政策激励企业投资，或直接由政府投资组织重大项目攻关。在市场失灵条件下，政府必须提供公共产品以弥补市场失灵。

具体到专利运营方面，随着专利规模的不断扩大，运营需求持续高涨，加工处理信息的成本可能会升高到决策者无法接受的程度，从而影响专利运营市场的运转效率和专利资源的合理配置，而消除这种情况也必须由政府的介入和干预。政府在专利运营中的作用体现在以下方面：

在政策制度建设方面：建立更加完善的专利运营法律体系，使得专利运营过程做到有法可依，权责明晰。加大政策的引导力度，在重点高科技的关键技术领域，加强知识产权运用的政策手段。此外，由于专利运营的投资较高、回报的周期较长，需要政府对专利运营公司在税收、贷款、拨款资助等方面给予支持。

在人才队伍建设方面：根据专利运营的特点，综合考虑技术、法律、外语、金融、投资等专业需求，构建科学、容易操作的专利运营人才培养体系，有层次、分阶段地确定培养目标，保障专利运营人才供给。

在市场培育方面：首先，要以市场需求为导向，通过为创新主体提供专利导航和预警服务，有选择地申请和收集专利。其次，通过政府建立专项资金或者为专利提供质押和担保或者建立风险投资企业，进行市场融资，保证专利运营的顺利运转。最后，通过知识产权服务机构，为企业的专利运用提供专业化服务，为推动企业技术创新增值、核心竞争能力和市场竞争力的增强提供专业化的保障。

通过政府这只“看得见的手”与市场这只“看不见的手”有机结合，把政府的政策指导作用和市场在资源配置中的作用有机结合起来，解决专利运营发展难题，实现专利资产价值。

政府为培育专利运营业态发展，已尝试建设知识产权运营公共服务平台。2015年12月9日，国务院常务会议要求以改革的方式加快建设知识产权强国建设，关键举措之一就是建设知识产权信息和运营交易服务平台。从国家层面，国家知识产权局同财政部以市场化方式开展知识产权运营服务试点，确立了在北京建设全国知识产权运营公共服务平台，在西安、珠海建设两大特色试点平台，并通过股权投资重点扶持20家知识产权运营机构，示范带动全国知识产权运营服务机构快速发展，初步形成了“1 + 2 + 20 + n”的知识产权运营服务体系。通过政府与市场的良性互动，将有力地带动区域经济发展，为“大众创业、万众创新”提供有力支撑。

专利信息工作是知识产权工作的重要组成部分，专利运营活动同样离不开专利信息的有效运用，《国务院关于新形势下加快知识产权强国建设的若干意见》中提到的与专利运营密切相关的建立以知识产权为重要内容的创新驱动发展评价制度、培育知识产权密集型产业、加强重点产业知识产权海外布局规划等多项工作任务的落实均需要专利信息工作提供有力的支持。国家局专利信息工作部门应当在专利运营工作中围绕知识产权强国建设和创新驱动发展战略等新形势，更加有效地对全国专利信息服务工作进行宏观管理和业务指导。

强化基础文献资源对专利运营的保障功能

原始文献资源保障有力：为满足专利运营需求，有序开展重点国家的外文专利全文文本资源的购置或收集渠道整理，在保持专利文献总量全球领先的基础上，进一步丰富和夯实包括法律状态、专利引文等与专利运营活动息息相关的资源汇集；同时加强非专利资源的购置与交换，优化资源整体结构，发挥各类文献资源的协同优势。

加强专利文献与信息标准体系建设：在专利文献与信息标准化分技术委员会的指导下，建立与完善专利文献与信息标准体系，形成专利文献与信息标准细则，保障各项工作规范有序。

完善文献资源加工质量管理：将专利运营所需的文献资源纳入到各加工相关工作流程，增强我局资源加工质量管理的权威性，进一步探索非专利资源加工的新方向和新方法，完善加工和检测规则。

拓展专利信息公共服务对专利运营的支撑功能

创新专利信息公共服务：丰富专利文献网上服务，进一步优化全球专利信息公共检索资源导航；开展基础数据资源培训、提供服务，丰富公益讲座内容，增加数据加工等培训；整理并分析国家重大战略产业领域的技术研究概况、技术发展趋势，以及国内外产业政策、市场格局等，形成产业技术发展报告，为专利运营提供决策咨询。

加强专利信息与非专利数据资源的融合：面向经济、科技、政策研究等部门和行业协会，主动推送产业专利分析报告、专利统计报告等工作成果，形成专利信息成果推送机制，进一步加强专利信息与非专利数据资源的融合，为专利运营提供更为广泛的信息服务。

强化专利信息传播利用对专利运营市场与人才的培育功能

扶持专利信息服务产业的发展：随着企业专利意识的提高，中国企业利用专利信息的需求将会逐步增强，政府应从宏观层面加以引导，提供资金扶持，并出台相应的管理方案规范市场竞争秩序。通过市场竞争，优胜劣汰，将会提高整个产业的服务水平，推动专利运营工作全面、高效铺展。

强化专利运营人才培养：通过实施专利运营项目，总结专利运营实务人才技能需求；建立全国专利运营人才培养计划，在全国分批次、分类别选拔培养专利运营人才；实施专利运营人才培育项目，构建人才培养模式，促进人才作用的发挥。

说点其他　What's美国专利商标资源中心？

2015年7月10日

作为美国专利信息传播的重要支撑和保障，美国专利商标资源中心（Patent and Trademark Resource Centers）是美国专利信息传播与利用的重要力量，也是美国专利商标局相关职能在各州的延伸。

美国专利商标局前局长卡波斯曾表示，专利商标资源中心作为美国专利商标局直接面对地方的服务机构，旨在促进创新以及创业文化，确保潜在的服务对象获得必要资源以支持其顺利获得知识产权在商业上的成功。目前，美国46个州以及哥伦比亚特区和波多黎各区都已建立专利和商标资源中心指定图书馆。超过80多家公共、学术、州立以及专业图书馆构成的网络将为发明人、知识产权律师/代理人、商界人士、研究人员、企业家、学生和历史学家等各种客户提供服务。除为地方以及各州提供免费的电子服务和资源以满足其知识产权需求之外，专利和商标资源中心将聘请美国专利商标局资深图书管理员为用户提供使用美国专利商标局专利和商标数据库的帮助。

提供专利信息服务

在美国专利法案中，有两个条款与专利信息的传播与利用有关，一是要求美国专利商标局负责专利与商标信息的传播，二是要求将相关信息传播给美国的图书馆，PTDLs项目（Patent and Trademark Depository Libraries）就此诞生了。美国建立了全国范围内的传播专利信息的图书馆网络，而这也是美国专利法案形成初期就明确提出的。

然而，随着信息技术的迅猛发展，纸件信息载体已经逐渐被电子载体所取代；同时，互联网、个人电脑的普及使得社会公众可以非常方便地检索到专利信息。2011年10月1日，该项目正式更名为专利商标资源中心。

项目名称的改变不仅仅意味着信息载体发生了变化，同时也表明项目在资源内容、服务模式、项目定位等方面也会作出调整。首先，在定位方面，专利商标资源中心已经不仅仅是一个专利信息的存放地以及传播渠道，而是用来服务当地企业，促进创新与创业，为潜在的专利申请人提供帮助。该项目也要求参与这个项目的图书馆管理员都是专利信息专家，知道如何使用专利信息检索和分析工具。

截至2015年2月，美国共成立了84个专利商标资源中心，几乎每个州至少设立一个。当然，其分布并不均匀，美国东部明显比西部更加密集。而地处美国西部的加利福尼亚州和德克萨斯州共拥有6个专利商标资源中心，数量最多。

在互联网还没有普及的年代，美国图书馆要想成为专利商标资源中心，至少需要一个房间，用于存放大量的微缩胶片、CD或DVD检索光盘。如今，社会公众可以非常方便地在美国专利商标局网站上获取专利信息，而对专利商标资源中心的要求更多地集中在人力资源的投入上。同时，希望成为专利商标资源中心的图书馆需要满足美国专利商标局提出的条件，包括帮助公众高效利用专利商标信息资源、免费向公众提供美国专利商标局提供的资源、提供美国专利商标局规定的服务、选派代表参加美国专利商标局举办的年度培训。

服务模式值得借鉴

虽然专利商标资源中心对服务对象没有做出任何限制，但通常情况下，很多大中型企业都具备一定的专利信息检索分析能力，或者会寻求商业专利信息服务商提供服务。需要寻求专利商标资源中心帮助的往往是那些缺乏专利信息知识和检索分析能力较弱的小微企业、高校研究者以及个体发明人。

美国专利商标局要求专利商标资源中心免费向公众提供服务，主要包括为公众提供审查员检索系统的公众版本 PubEAST 和 PubWEST，向公众解释申请流程以及缴费规定，展示专利商标检索工具的使用方法，展示本地专利律师的姓名地址目录，为本地企业、高校、个体发明人提供知识产权培训等服务内容。服务水平较高的专利商标资源中心不仅会完成公众提出的检索任务，还会帮助企业或者发明人更好地理解技术。反复面谈和检索可以保证在撰写专利申请文件时提出更为合理的保护范围，而这也是获得高质量专利的保证。因此，专利商标资源中心对于本地企业、高校和个体发明人而言已不仅仅是一个资源中心，而是一个创新孵化中心。

需要特别说明的是，PubEAST和PubWEST是美国专利商标局提供给专利商标资源中心区别于其网站检索工具的重要资源。专利商标资源中心可以通过设置在图书馆的工作站计算机访问多个数据源，包括美国授前公告、授权专利、美国光学字符识别、欧洲专利局摘要数据、日本特许厅摘要数据、国外专利检索系统数据库等。当然，为了保证美国专利商标局自身信息系统的安全，访问这两个系统需要采用用户密码加动态口令的访问控制策略，以确保所有对该系统的访问都合法。这两个系统还有一个特点就是他们都使用命令行操作模式，这种操作方式对公众而言较为陌生和困难。因此，在专利商标资源中心实际对外提供服务的过程中，公众需要在资深图书馆管理员的协助之下完成专利信息检索操作。

对于专利商标资源中心项目组织和管理来说，由于网络技术的发展，信息资源提供已经变得非常容易。因此，信息服务能力的建设及交流平台的搭建显得尤为重要。在信息服务能力上，美国专利商标局在专利商标资源中心的选择上非常看重图书馆在知识产权方面的服务潜力。另外，美国专利商标局除了每年举办一次专利信息研讨会外，还会不定期地邀请专利商标资源中心网络中比较资深的图书馆管理员开展培训教学。

而对于交流平台的网络建设来说，美国专利商标资源中心项目略显薄弱。专利商标资源中心联盟（Patent and Trademark Resource Center Association）的成立弥补了沟通上的缺陷，但沟通交流的效果尚需时间的检验。不过，交流平台网络的搭建是让类似专利商标资源中心的项目可持续发展的关键要素。

在信息技术、网络技术迅猛发展的今天，信息资源的部署与存放已经显得不那么重要，而更加注重信息资源与工具的差异化、人力资源或服务能力建设，以及沟通交流渠道的搭建。相关服务内容也不单单是专利信息的检索，而是面向企业应用与创新，更加注重对本地小微企业的支持，从这个角度看，美国专利商标资源中心的服务内容和模式非常值得我国同类机构参考和借鉴。

第四章

如何修炼专利人才

2017年6月国家知识产权局发布的《知识产权人才"十三五"规划》中提到,"十三五"期间我国的知识产权专业人才数量和知识产权从业人员数量要分别达到50万和100万。如何实现这些呢?值得一提的是,在规划中,"培养"一词出现了46次,"培训"一词出现了37次。无论是高校、企业,还是服务机构,甚至每一个知识产权(专利)人自己,到底应该怎样修炼内功,适应这个瞬息万变的时代呢?

第一节　“互联网+”时代，专利人需要哪些素质？

2015 年 7 月 6 日

最近国务院连续发布了几个关于“互联网+”、大数据方面的政策文件，那么在这个大的时代背景下，我们专利人又需要具备什么样的基本素质呢？

更开放的心态和更强的学习适应能力

无论是政府管理部门还是专利信息服务企业，学习“互联网+”的思维方式和适应这个信息社会显得更为重要，懂一点 IT 技术是非常有必要的。但是，有些人看到现在互联网行业那些“神奇”的商业模式就生搬硬套，搞个学习研讨班就觉得具备了互联网思维，这当然是远远不够的。无论是什么样的商业模式，都是以更加优质、更加符合用户需求的服务与产品为前提的。在学习借鉴互联网、大数据的理念、技术时，应当时刻牢记为创新主体提供的价值所在。

“互联网+”、大数据和云计算都是对心智模式的转变，开放、跨界、协同、连接和整合都是这个时代的关键词。就以云计算为例，租用服务的方式可能是未来的发展趋势，因为所有的服务都有可能像电和自来水一样方便的获取。企业难道还需要从某个网站上下载专利数据，在本地进行加载数据、检索分析和开发利用吗？这些事就让专业的信息服务商来做吧。他们会为企业创新主体整合好所有需要的数据，不仅仅包括专利数据，提供基于云计算的平台化、专业化、个性化和社区化的开放式专利信息服务。其他行业企业在获取服务的同时，也留下了自己的足迹，为专利信息服务与产品的优化提供了依据。在这个信息时代，IT不再是支撑服务，IT就是业务。要适应这个技术发展的时代潮流，你准备好了吗？

更系统化的思维模式

在党中央、国务院发布的一些政策文件中，都有提到知识产权或者专利相关的字眼。而事实上，我们更应该关注专利制度对创新生态系统的影响，更加关注“场”的形成。场力是一种无形的力，却是实实在在地发挥着作用。例如政府开放专利信息虽然没有直接为创新主体服务，但是降低了专利信息服务创业的门槛，创造了一个更加自由竞争的市场环境，这个行业也会朝着更有竞争力的方向发展。

高校、重点科研机构提供专利管理、技术转移方面的宣讲培训，虽然不是直接为企业提供服务，但是增加了人才储备，同时提升产学研的结合度，也是一种场力在发挥效力。我们通常只愿意去做那些直接的、看得见摸得着的事情，而忽视那些间接的力量，这是一种线性思维的产物。而在我国中央领导人如此倡导"互联网+"、大数据的今天，具备系统化的思维方式，将专利融入其他各行各业，注重创新场力的作用，是专利行业所有人需要具备的素质。

更精细化的管理和更科学的决策方式

"互联网+"、大数据等热词之所以写入政策文件，其核心在于政府希望以此为契机，转变政府职能，提高政府管理及服务的效果与效率，更加科学地制定决策。大数据既是技术手段，也是工作方式。

通过大数据，更加全面地掌握群众的需求信息，从而提供加更优质的公共服务；通过大数据，更加准确地定位管理问题，更加敏捷地调整工作方式；通过大数据，更加方便地为其他领域提供信息服务支持，发挥本领域在整个经济社会中的作用。

专利当然也不例外。过去专利是面向业务办理，专利代理、专利申请等皆是如此。而在大数据时代，专利应当更多地面向决策支持。经济社会发展、产业结构调整升级、区域经济布局、国家竞争力提升等都需要从专利信息（绝不仅仅是专利文献信息）中获取决策支持。未来一个好的专利分析师更像一个经济学家，而不仅仅懂得技术或者专利文献。曾有一位WIPO专家谈及这个话题时，表示每天读一篇经济学人的文章对进行专利信息分析非常有帮助。

可以说，这个时代对专利人提出了更高的要求，除了基本的对专利文献、科技领域知识的掌握，他们要真正理解信息化、互联网的理念，具备更加开放的心态、系统的思维方式，才能提供适应时代发展要求的专利信息服务与产品，开创专利事业发展的新局面。

第二节　高质量专利需要高素质专利人才

2016年2月3日

专利质量提升工程应该是业内最近一两年被多次提到的一项重要任务。中国在连续数年蝉联了专利申请量冠军后，也将重点逐步放到了专利质量上。这确实不是一件容易的事情，需要专利生态中的各个环节、各个利益相关方都能有一定的机制去提升专利质量，也就是说在这个行业内，需要更加有效地利用市场机制使得各方只有注重了专利质量才能有利可图。

通常人们口中谈论的专利质量指的是发明技术的质量，前几年的日本马桶盖风潮充分反映了这种意识。然而，这却是与国家的基础研究以及企业的科技研发能力息息相关的。作为一名专利行业的从业者，应当更加关注一件发明的法律保护范围是否合理有效，这主要取决于专利创造以及专利审查的整个过程。

首先说一下专利创造，这是一件专利从技术方案转化为法律文书的关键步骤。经常会有发明人询问，是否他们自己就可以撰写专利申请文件。其实这是一件非常专业的事情，一般还是建议找一个靠谱的专利代理人。而一名合格的专利代理人在撰写专利申请文件前，应尽可能地理解发明，检索已经公布于众的技术方案或者产品；要懂得如何划定发明的范围，识别替代实现方式、用途、可选技术特征，了解潜在的技术领域变化，识别将被制造和销售的产品，识别竞争对手和潜在侵权者；识别竞争对手将会制造和销售的产品。这真的是一项系统工程。在进行专利代理的过程中，合格的专利代理人需兼具专业咨询者的特征，需要反复与发明人进行沟通，并进行现有技术信息检索。

在专利申请文书的撰写中，权利要求的撰写策略至关重要，除了描述清楚技术方案外，还需要考虑商业化的一些因素，譬如说未来专利产品销售的国家或者地区，发明的商业实现方式是采用自行实施还是许可他人实施，是否涵盖了可以预见的其他设计方案，是否考虑采用防御性公开或者商业秘密等其他模式，等等。另外，作为一名合格的专利代理，其工作应当不仅仅是撰写专利申请文件，更加应当关注专利价值实现，帮助发明人或者设计人去规划未来如何运营专利技术。专利代理人应当成为真正的专利运营主力军。这也对专利代理行业提出了更高的要求。

然而，我国的专利代理商业环境还存在一些问题。抛开专利代理人本身能力不谈，单说发明人或设计人对专利代理工作认识的局限性就限制了专利质量的提升。一位专利代理人曾表示，客户往往提出专利申请质量让位于数量的要求，即使代理人有心抓质量也必须按照客户的要求去做。造成这种怪现象的原因是多方面的，让专利回归其本身的商业性用途应该说是减少这种现象的有效途径。同时，专利代理的评价以及相关信息的公开也可以有效促进整个专利代理人队伍素质的提升。很多发明人都表示找到合法、有经验并且能将其发明利益最大化的专利代理人真的很难。信息公开不应当仅仅是曾经代理案件授权驳回率、审查过程时间等信息，还应当涵盖后续程序，例如复审无效、法律诉讼等。当然如果有可能，还应关联展示商业化、授权许可、质押融资等信息。可以说，专利大数据是提升专利质量的一剂良方。

专利质量提升并非只是专利代理的事，审查的作用也是至关重要。专利局一般都建立了良好的审查程序以及质量核查制度体系，影响审查质量的往往是审查员的工作经验以及专业知识，这是很多国家或者地区的专利审查机构都面临的问题。专利审查员与专利律师之间的收入差距较大，使得审查员往往在工作四五年后就会选择离开。而欧洲专利局的高薪政策使得他们在人才储备上具有非常明显的优势。如何留住有经验的审查员，也许是全球大部分专利审查机构都面临的难题。

专利质量提升是个系统工程，人才可以说是重中之重。如何将更多人才吸引到这个行业中来是需要我们去思考的，同时，也应当考虑如何引导发明人关注专利的质量，学会区分专利之良莠，更多地考虑利用市场机制以及互联网来促进专利质量。

第三节　创业型大学:知识社会的创新力量

2012年10月24日

随着社会经济技术的进一步发展,知识和信息对于一个国家经济和社会的发展的影响越来越大。大学作为知识、信息和智力资源的重要集散地,在国家的经济发展中有着特殊的地位和作用,传统的大学职能随着知识社会的到来和发展,也在不断地演化与创新。

创业型大学的产生

大学作为社会机构的重要组成部分,一直以来都在随着社会和经济发展而不断地发展变化,创业型大学也是随着大学使命的演化而形成的。

大学使命的演化:19世纪中期以前,大学的使命大部分还是在教学的范围内,仅仅作为知识的传承和教育者角色和政府的下属机构孤立而单纯的运转。到了19世纪中叶,作为特殊机构形式的研究型大学,把在大学和科学协会发展起来的教学与科研两种活动结合起来，逐渐将科研纳入到了大学的使命中。研究型大学将知识进行汇集整理，并萌发了一定的创新活动，体现出大学对国家经济与社会发展贡献的潜能。

随着产业与商业机会慢慢渗透到大学的研究中，创业型大学的土壤渐渐成熟，由此大学有了第三个使命——促进区域经济与社会发展，并在新出现的基于持续组织创新和技术创新的模式中将起到领导性的作用。进入21世纪，随着知识经济时代的到来，大学的使命已经逐渐从传统的教学、研究演变和扩展到注重经济与社会发展，并在创新中起着重要作用，如图7所示。

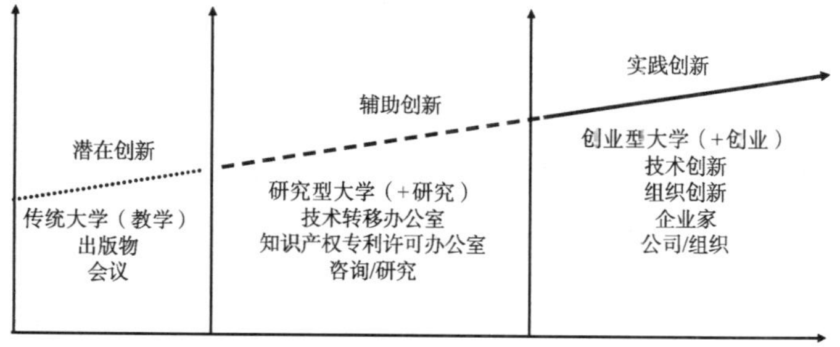

图7　大学演化与创新的关系

创业型大学肩负的创新使命：20世纪初，经济学家熊彼特在其名著《经济发展理论》一书中，首先提出了“企业创新”的概念，并将其定义为“企业家对生产要素的重新组合”。熊彼特认为“创新”包括五种情况：(1)采用一种新的产品；(2)采用一种新的生产方法；(3)开辟一个新的市场；(4)掠取或控制原材料或半成品的一种新的供应来源；(5)实现任何一种工业的新的组织。研究者一般把以上五种形式归结为技术创新、市场创新和组织创新三类。

从定义来看,对于真正的创新而言,大学的教学研究的使命显然还不足以胜任。那么这时,需要大学开始发挥它的第三个使命,逐步由研究型大学向创业型大学过渡。创业型大学倡导将创新的知识投入实际应用并使之商业化,真正成为这些创新的实施者。

成为创业型大学有两个必要条件,一是有足够的自主性,尤其是在其战略方向上;二是它必须与其他机构密切地发生着作用,而不是孤立于社会之外而存在的象牙塔。只有具备了这两个条件,大学才能有资格以主体的身份进入经济社会,对生产要素进行重新组合,进行创新活动。

因此,创业型大学不仅作为新思想的来源为现有公司服务,还以新的形式把研究与教学功能结合起来,成为新公司形成的来源,特别是在当今科学技术领域。从另一个角度说,当大学增加与知识资本化相关的创业活动时,现存产业可能同时既把它看作是竞争对手又把它看作是合作伙伴。最终大学将与政府、企业共同构成知识社会的主体力量,它在创新的过程中既同政府、企业有着紧密的关系(可以是合作,甚至是竞争),同时又保持了自己独立的身份。

创业型大学在知识社会创新中的优势来源

创业型大学相对于政府、企业而言,在现代知识社会中成为创新主要力量来源的优势日趋明显。

相对稳定的组织:从历史的角度来看,各个国家的大学在很长的时间内，无论是从组织结构，还是从发展沿革上来看，都是相对稳定的。尤其是一些具有悠久历史和卓越成就的大学，几乎无一例外地都会长久的存在下去，因而大学有着承载历史与传承知识的重要作用。

知识社会的创新，是一个需要长期投入且风险极高的活动，从这一点上看，创业型大学既有企业的某些身份特征，又拥有政府的相关支持，同时自身还有抵御一定风险的天然优势，这些使得大学在创新的投入上具有相对持久的稳定性。

学生与教师的优势：在企业里，员工是一个相对固定的群体，为了保持稳定性，频繁的人员流动并不是企业所期望的。而大学则正好相反，新旧学生的交替变化是大学能不断创新的决定性因素。大学正是通过进进出出的学生流获得了新的思想和方法，利用新生的进入不断地更新研究群体，通过他们毕业进入新的工作岗位不断地补充产业和政府。

同时，教师力量也是不可忽视的。相对于企业的管理人员，大学的教师可以得到非要重要的空闲时间，并拥有利用设备的自由空间和开展创新活动的自主性。而企业的管理者一般更多的关注已有问题的解决，疲于奔命。

特殊的身份使得大学比企业更有优势作为真空地区的创新领导：由于政府管理边界往往与经济区域不一致，所以可能存在着政府领导的真空或空白。在这些区域里，一所大学往往比一个企业（因为区域内相关产业肯定不止一个企业）更容易召集到合作伙伴，进而在与企业互相作用的过程中占领导地位，填补这个空白。

最著名的例子莫过于硅谷，为了在周围形成新技术产业，斯坦福大学在区域创新中起领导和组织作用。这个过程花费了几十年的时间：在20世纪60年代至70年代发生在硅谷的公司形成活动，起源于自19世纪末开始的鼓励斯坦福工学院学生创建公司的创业行动。当时，人们意识到大的工程技术性大学需要公司作为区域支撑结构，否则毕业生将会流动到别的地方。

创业型大学在知识社会创新中的重要作用

随着知识经济的发展，创业型大学将成为一支不容忽视的力量活跃在我们的社会和经济生活中，并扮演着越来越重要的角色。

创业型大学为知识社会培养和输送创新型人才：知识社会创新最重要的就是人才，大学一直以来就承担着为社会培养和输送人才的职责。党的十七大提出了“优先发展教育，建设人力资源强国”的战略任务，提高高等教育水平和服务经济社会发展能力，创业型大学无疑是培养和造就科学家和科技领军人才的摇篮，成为知识创新和推动科研成果向现实生产力转化的中心。高等教育办学结构布局适应经济社会发展需求，建立起创新型人才培养体系和科技创新服务体系的建设目标。

对企业而言，利用大学在人才、科研方面的资源，以及大学较为完善的配套服务体系，能够缩短成长时间，提高自主创新的能力。创业型大学在推动科技成果转化、发展高科技、实现产业化以及解决就业等方面正发挥着日益重要的作用。

创业型大学为技术创新和区域发展提供孵化器：新的财富需要基于知识经济活动源源不断地被创造出来，在以知识为基础的社会里，创业型大学不仅有促进智力进步的重要作用，而且还在促进经济增长中起着关键的作用。

创业型大学，尤其是创业型大学的集合体，能为技术创新和区域发展提供良好的孵化作用。比如于2007年9月批准成立哈尔滨理工大学科技园，是依托学校优势学科及科技创新资源，集聚创新创业人才，扩散高新技术，实现知识创新和科研成果转化及产业化的中心，为黑龙江区域经济发展提供科技支撑和智力支撑的创新创业基地；是产学研合作引领产业结构优化升级的高新技术企业集聚区；是黑龙江创新创业人才培养的高地。

创业型大学或将成为知识社会创新的领导机构：在美国学者亨利·埃茨科威兹撰写的《三螺旋》一书中，将创业型大学的独特作用同政府、企业联系在一起，提出了著名的三螺旋理论。三螺旋的主要论点是：在以知识为基础的社会中，大学—产业—政府三者之间的相互作用是改善创新条件的关键。产业、政府和大学都是三螺旋的重要成员：产业作为进行生产的场所；政府作为契约关系的来源，并确保稳定的相互作用与交换；大学则作为新知识和新技术的来源，是主要生产力要素。[1]

一方面越来越多的年轻人（他们可以看作是创新的新鲜力量）由大学培养出来，另一方面实施大学后继续教育与培训也在日益增加，这些都标志着"大学的经济与社会实践活动正在被社会普遍接受"[2]。

在知识社会中，创业型大学是面向区域高新技术产业发展需要，依

---

❶Rashdall, Hastings. The university of oxford in the middle ages. Oxford: Oxford university press, 1896.

❷埃茨科威兹. 三螺旋: 大学·产业·政府三元一体的创新战略[M]. 周春彦, 译. 北京: 东方出版社, 2005: 2, 3, 53.

托学校优势学科和创新资源，为区域经济发展提供科技支撑和智力支撑的创新创业基地。通过重点建设科技园科技成果转化平台、技术转移平台、科技创新资源共享平台等，解决制约区域经济发展的瓶颈技术问题和共性技术问题，发挥源头作用；加速科技成果的转化，为发展高技术产业提供技术支撑。

综上所述，我们可以预见，在知识经济时代，随着大学使命的不断演化和知识社会的到来，创业型大学的优势得到进一步体现，或将成为知识社会发展中创新的主要力量。

第四节　社区网络吸引各类人才进入IP领域

2016年9月10日

Facebook在全球的流行让人们看到了社交网络的力量。另一方面，专利制度越来越显现出来的合作特性，似乎也在顺应着这一潮流。这个行业就好像一个漩涡般，将所有参与方吸引进来并结成利益共同体。

世界知识产权组织（WIPO）在2009年发布了技术与创新支持中心（Technology and Innovation Support Center，TISC），就是一个旨在将科技创新所有相关方联系起来的典型项目。WIPO在这个项目中开发了eTISC平台，该平台充分利用了互联网技术，整合了社交功能，为高校、科研机构、投资方和专利从业者提供了一个交流合作的平台。事实上，与建立具有社交功能的网站相比，如何能够高效地运营这个网站才是关键。

首先，这个项目是由各个国家的知识产权管理机构向WIPO提出需求，这些机构将作为国家或者地区的协调人，联系当地的高校、科研机构、科技企业、投资公司等机构加入网络，通过论坛、线上线下会议、专家讲座等方式分享专利创新的经验与最佳实践。专利信息的传播与利用作为这个项目中的重要抓手被很好地利用。通过培训专利信息检索与分析技能，有效地促进了专利制度的建立和实施。

其次，eTISC 平台也被用来联系各个国家的知识产权专家，与全球的参与者联系、培训知识产权制度、知识产权管理与布局策略、技术转移与商业化等内容，分享最新的专利审查与检索结论以及最新的业界动态等。往往科技创新者最需要的就是一个 IP 业界专家的意见，因此引入 IP 专家是运营这类专利行业社交平台的关键。当然，是否能够快速准确地联系到 IP 专家是这类平台能否成功的关键因素。譬如，eTISC 平台就采用了地图可视化、集成即时通信工具等方法提高了用户访问体验，进一步增加了平台的可用性。另外，TISC 项目管理者也会采用线下方式联系 IP 专家与当地高校、科研机构进行沟通交流，提供相关专业课程培训，这也成为专利服务社交平台运营的重点之一。

现如今，闭门造车的创新已经不复存在。真正能够促进创新的是这样的网络，集合了包括专利信息专家、法律专家、科学家、工程师、商业管理者、学生以及行业政策制定者的网络。创意在网络中碰撞，形成可以落地实施的技术方案；再经过专利行业专家，转化为可以被法律保护的技术文书；之后，通过商业管理者以及投资方，将专利技术商业价值最大化。

说点其他

专利运营人才在哪里?

2016年8月6日

专利作为无形资产已经成为现代企业重要的资产组成部分,也是企业的核心竞争力体现。企业专利形成后,为发挥其资产价值、获取应有的经济效益,开展有组织、有计划、方式多样的专利运作与经营逐步成为一种必要。但是,目前全社会对专利的财富属性认可度较低,企业会计制度也未将专利作为资产来核算,专利资产流通缺乏文化和制度环境;此外专利信息服务人才缺乏,导致专利运营的成本高、风险大。2008年11月,有学者组织的一次针对上海生物医药企业知识产权问题的调查则显示,缺乏实施人才是企业认为其专利实施困难排名前五的因素之一。专利运营活动所需要的人才是能够从经营者的角度,整合跨领域优质人才,将专利运营所需要的各个方面如市场调研、专利技术调研、专利风险管控、专利布局、知识产权诉讼管理、知识产权流程及软件系统、专利质量价值价格机制、知识产权运营绩效管理等专业机制有机结合起来。

众所周知，企业在技术开发、技术引进和产业化生产以及之前，需要查询国内外专利信息，做到知己知彼，规避风险，最大限度地节省资金和时间，最大范围地圈定权利范围，合理布局专利技术与市场，在技术创新中占据有利先机，在竞争中获得优势地位。2014年4月深圳市市场监督管理局曾经发布过一份关于《企业专利运营指南》标准化指导性技术文件（SZDB/Z 102-2014），明确指出了企业在专利运营中应当如何建立专利运营信息的企业内部信息收集程序和外部信息收集渠道。其中对于企业专利运营信息的管理包括：监控产业和对手的最新专利动态，适时了解业界的专利诉讼、转让许可和专利联盟的最新进展，进行风险防范；整合企业的所有专利文件及档案，便于按照各索引信息查找和整理档案；进行专利时限管理，对专利申请阶段、授权后年费阶段的时限进行管理及提醒；对专利文献进行阅读、分析、归类和标注，形成相应的专利分析报表；对专利运营专案的管理，包括诉讼专案、许可专案、转让专案、投融资专案、加入标准或专利联盟专案等；登记该专案的所有相关文件，对相关的人力、时限、费用等事项进行归类管理等。

但是，这些要求对于目前中国的绝大多数企业而言，无论从人员配置还是从管理水平上说实现的难度都非常大，更不用说还需要进一步将这些专利运营信息转化为实实在在的经济效益了。在前期调研过程中，我们了解到：即使一些行业相对知名的企业（尤其是非生产型企业），公司高管或知识产权高管非常关注专利运营工作，但是具体的研发或业务人员一方面疲于应付手头工作，另一方面对于专利价值没有相对深刻的理解，所以很难进行深度的专利挖掘和分析，导致专利运营工作进展缓慢；此外，由于国内企业的专利管理团队普遍比较“年轻”，有些还从属于法务部，并未形成独立的管理部门，因此在企业内发言权难免有限，而专利运营是一项系统而长期的过程，除了应对诉讼等紧急情况外，很多时候都需要专业人员在技术形成专利之前就介入，因此更需要企业从管理制度层面进行规范和协调。

参考国外企业专利运营成功的案例，我们可以看到：一个企业专利运营成败的关键往往与企业高层管理人员在专利运营方面的智慧和胆识极为相关。比如索尼公司美国子公司的资深副总裁Mitomo，深受美国知识产权文化和实践影响，敏锐地察觉瑞士富信集团（Intertrust）的DRM安全技术的重大价值，最后说服董事会投入巨资和Philips共同购入该企业（价值4.53亿多美元），获得其专利，让索尼公司在相关领域内的优势长期保持，并且有效地维持了与竞争者的态势。另外一个例子是韩国三星，在2006年至2009年间，该企业投入数亿美元购入专利，弥补其专利组合的不足，使其在专利战中处于有利位置。表面上看，这些企业的投入巨大，但是与大型国际化企业为了应付美国法院的诉讼每年投入数千万美元的诉讼费相比较，如此投入是值得的。

第五章
专利服务面面观

近年来，实体经济越来越受到各地区乃至国家的重视，作为一个国家和地区核心竞争力的体现，实体经济的发展壮大离不开技术创新与发展。专利作为与技术创新结合最为紧密的知识产权分支，各国都在积极探索如何通过不同类型和层次的知识产权（专利）服务和手段来激励创新和保护创新。美国、日本等发达国家的专利服务对我们有何借鉴和启示？

第一节　美国专利信息公共服务

2015年5月16日

随着互联网、云计算技术的发展，社会公众已经越来越习惯于在互联网上搜索信息，因此，Web也就成为目前最为主流的信息传播与服务方式。美国专利商标局（United States Patent and Trademark Office，USPTO）是隶属于美国商务部的主管专利申请、审查、复审、信息传播的政府机构，其官方网站也就成为提供专利信息的最主要的渠道。

通过对比研究，USPTO网站最主要的特点是信息组织架构清晰简明，非常方便社会公众的查找与使用，实现了"一站式"专利申请全流程的信息服务模式。

面向专利全流程的信息组织架构

USPTO将专利申请分为了申请准备、专利申请和专利维持三个阶段，并分别罗列了每个阶段所需要的信息：

（1）申请准备阶段：提供了包括USPTO的职能、专利定义、专利法、获得专利权的要件、专利审查流程概述等在内的基本信息；介绍了公共专利检索资源以及专利商标资源中心；指明如何搜索到专利注册律师及代理人等信息。

（2）专利申请阶段：提供专利检索、在线电子申请、答复审查意见、查询专利申请状态等相关信息。

（3）专利维持阶段：提供相关表格下载、维持费用信息、专利权转让以及法律诉讼等相关信息。

除此之外，USPTO网站还链接了法律、法规、政策文件以及各类培训材料。

在线服务工具

USPTO提供的在线服务主要包括专利检索、电子申请、专利申请信息查询、专利所有权转移等。

（1）在线专利数据检索服务。

美国专利全文文本与图像数据库（PatFT），包括了1976年至今的全文文本数据以及1790年至今的PDF格式图像数据；

美国专利申请全文文本与图像数据库（AppFT）；

全球专利检索网络（Global Patent Search Network，GPSN），目前可以检索1985年至2012年的中国专利全文文本数据；

提供美国授权专利以及出版公布的专利申请中的基因序列；

共同引证文献数据库Common Citation Document（CCD），提供访问知

识产权五局专利申请审查员检索引用的现有技术引证数据。

除此之外，提供了欧专局、日本特许厅、国际知识产权组织、韩国特许厅、中国知识产权局以及其他国家或地区知识产权局在线专利检索系统（英文版）的链接。

（2）在线电子专利申请可以通过EFS-Web系统完成。专利申请人或者代理人使用基于网页的在线系统，可以将申请文件转换为标准的PDF格式文档并提交，同时该系统还支持PCT国际专利申请、ASCII文本格式的生物基因序列文档、计算机程序等。为了推进专利电子申请，美国专利商标局在缴费方面也提供了一定的优惠。

（3）专利申请信息查询系统（Patent Application Information Retrieval，PAIR）为用户提供了专利申请过程状态信息。该系统分为公共和私有两个版本。其中，公有版本允许社会公众访问授权专利和公布的专利申请；而私有版本允许用户通过数字证书的方式访问审查过程中的专利申请状态，还可以通过电子邮件提供电子审查意见通知（e Office Action）服务。

（4）专利所有权转移或者修改专利权人名字时，可以使用电子专利所有权转让系统（Electronic Patent Assignment System，EPAS）。当然完成上述变更需要在美国专利商标局备案。公众也可以通过AOTW-P系统（Assignments on the Web for Patents）在网站上检索专利所有权转让信息。

另外，为了方便公众对专利申请流程以及专利信息利用的认知和理解，美国专利商标局还提供了相关系统或流程的教学材料以及Video短片，例如从概念到保护、七步专利检索策略等。

丰富的统计数据以及展现方式

在USPTO网站上，数据可视化中心—专利仪表盘（http://www.uspto.gov/dashboards/patents/main.dashxml）是个非常有趣的服务，展示的数据包括：专利局履行相关职能衡量数据、与专利质量相关的衡量数据、与审查周期相关的衡量数据以及每一项具体指标的详细说明与时间序列。同时，USPTO还提供了一个专利审查周期预测工具（Patent Pendency Model，PPM），用来预测专利授权数量。该模型输入包括：人力资源投入（新招入审查员、加班时间、审查员离职率）、专利申请量变化率以及连续申请请求的下降率，模型输出是专利申请积压率。

电子批量数据产品

美国专利商标局为企业、高校、律师事务所、专利信息服务商等用户，在线提供批量专利数据（包括TIFF或PDF图像数据、结构化的文本数据或者XML格式数据）下载服务，用以装载进数据库和专利分析工具。批量专利数据范围包括：授权专利、出版公布专利申请、专利所有权转让、分类信息、专利维持缴费信息、专利公告数据、专利统计数据报告等。

从2010年起，美国专利商标局先后与谷歌公司（Google）、Reed技术公司（该公司隶属于LexisNexis公司）签订了信息服务协议，由其负责向公众免费提供公开的批量专利数据下载服务。另外，Reed技术公司还经美国专利商标局的授权，向公众提供了PAIR系统公共版本中的专利数据产品。

第二节　美国专利信息商业服务

2015年5月18日

美国专利信息服务商的数量，仅列举在专利信息用户组织（PIUG）网站上的专利信息服务商就超过了200家。从服务范围的角度，既有专门为特定人群提供检索、绘图或者翻译等单一服务的服务商，也有服务面向企业商业决策支持，覆盖了企业知识产权创新的整个生命周期；从服务对象的角度，既有将主要客户人群定位于律师、中小企业和独立发明人的服务商，也有服务对象是来自世界500强大型企业的服务商；从专业技术领域的角度，既有专门从事某一个技术领域专利检索的服务商，也有研究领域覆盖所有技术领域的服务商。当然，如果服务商聚焦在某个技术领域，大多数情况是化学结构、基因序列、制药产业、生物技术等，这在一定程度上说明了这些技术领域的市场价值。

为了更好地支持商业客户制定决策，很多专利信息服务商一方面对专利数据以及非专利文献数据进行了加工标引，创建自己私有的增值数据，同时结合法律诉讼数据、专利审查过程数据、市场信息、竞争情报等多维度的信息，形成更加贴近客户实际商业需求的数据库产品。另一方面，他们也开发了功能全面、易用性强的专利信息检索分析工具，最大限度地发挥了专利信息的价值。

虽然知识产权，尤其是专利，其本质是一种排他权，即专利权人通过向社会公众公开其专利技术而获得有限时间的垄断权利。但是近年来，知识产权尤其是专利，越来越多地被当作企业资产甚至是经营工具来看待。在PIUG专利信息服务商的服务目录上，越来越多地看到专利价值评估、商业化、货币化等服务的出现。这也是企业将知识产权管理融入经营以及创新过程的必然结果。因此，很多专利信息服务商也将支持企业的知识产权全生命周期管理作为自己的一项核心业务。

繁荣的商业专利信息市场反映出较强的专利信息利用能力，而对专利信息的利用是推动创新的最重要的因素之一；同时这也折射出知识产权在美国的重要程度，以及知识产权作为重要无形资产之一的价值所在。

涵盖的服务内容具有广度和深度

从商业专利信息服务商的服务内容来看，归纳起来可大致分为以下七类：检索、分析、专利管理、数据服务、商业化服务、翻译及其他服务。补充说明一点，实践中的专利信息服务通常是面向用户特定需求、面向商业目标、结果导向的综合性服务。

（1）专利检索作为所有专利信息服务的基础，可以说是专利信息服务商必备技能。当然，根据检索目的的不同，可以分为以下几种类型：

现有技术检索（Prior Art Search）、新颖性检索（Novelty Search）、侵权检索（也可以叫 Clearance，或者 Freedom to Operate）、可专利性检索（Patentability Search）、技术现状检索（State of the Art）等。

（2）对于专利分析而言，简单的数据统计已经无法满足商业的要求。几乎所有的专利分析软件都已经具备了文本挖掘技术、可视化展示、专利地图、关联性分析等功能。另外，也有越来越多的商业专利分析软件开始应用语义分析功能，其使用效果还需要时间的检验。除此之外，协同作业、标准化以及定制专利分析报告也被很多专利信息服务商所采用。

（3）专利管理，一方面是对企业专利申请及诉讼的支持，包括专利文件撰写、专利申请、诉讼支持、法律法规及费用计算；另一方面是将专利与企业商业模式及研发过程的进一步融合，包括对专利监控（包括客户本身及其竞争对手）、专利许可支持、专利预警等服务。

（4）由于公共服务数据存在一定质量上的问题，因此商业信息服务商也为客户创建和维持专利数据库，及时准确地下载并提供特定的专利文献，部分公司还会专门提供特定国家的专利数据库，例如俄罗斯、意大利、拉丁美洲国家等国家的专利数据库。

（5）随着技术转移、专利实施许可、质押融资、权利转让等活动日益增多，同时随着知识产权，尤其是专利日益融入企业经营活动以及研发活动，商业决策也就越来越离不开对专利价值的评估和计算。因此，专利价值评估（Patent Valuation）、商业化（Commercialization）、货币化（Monetization）、专利尽职调查（Due Diligence）等服务也逐渐进入了商业专利信息服务商的清单。部分服务商开发了专利价值评估软件，例如 Patron IP

（已经被IP.com收购）、Wisdomain公司、Red Chalk Group等。虽然这还是一个较新的知识产权实践领域，其价值评估准确性尚需要时间的检验，但是随着大数据技术的发展以及专利技术交易数据的积累，其前景还是十分乐观的。

（6）由于专利的地域性以及全球市场化的进一步推进，非本国或本地区的专利信息同样蕴含着巨大的价值，语言障碍无疑成为影响专利信息有效利用最为重要的因素之一，因此，专利翻译服务势必在很长一段时间内都将是专利信息领域的主流服务。粗略统计，在PIUG网站上列举的服务商中有接近24%的信息服务商提供人工翻译或者机器翻译服务。目前，机器翻译的准确性仍然是各大专利信息服务商需要攻克的难题之一。

（7）其他服务主要包括了专利社区服务、知识产权培训服务等辅助服务。这类服务主要是为了扩大服务的潜在客户范围。

实际上，一个好的专利信息服务商应能够站在客户的角度，理解客户的商业环境和目标，利用自己的法律专业和专利信息收集处理能力，帮助客户进行商业决策，实现商业价值，而不是仅仅完成某项专利检索或者分析任务。

涵盖技术、法律、商业服务团队

从商业专利信息服务商来看，服务团队通常囊括了IP律师、技术专家或科学家以及工商管理专家。在如今专业细分的社会，很难找到对所有领域都精通的人才。然而，在实际企业商业运作中，需要针对不同领域有着丰富知识技能和实战经验的专家。而在面向企业决策的过程中，在特定阶段，服务商需要将各个领域的专家捏合成一个协同作业的团队。这样的团队组成可以说是专利信息服务商成功的必要条件之一。

总之，美国作为世界第一大经济体，高效、完善的专利信息服务体系对于促进市场实体、高校、科研机构的技术创新以及竞争优势的获得起到了非常重要的作用。最关键的是，这是一个多赢的体系，所有参与方都在这里找到了自己的位置，都在努力维护着这个体系高效稳定的运转。

第三节 日本专利服务概览

2014年9月16日

日本是世界上最早实现专利制度的几个国家之一，20世纪80年代通过接连颁布的《商标条例》《专卖特许条例》《外观设计条例》和《实用新型法》等，确立了日本工业产权制度。随着日本工业产权制度的建立，专利信息服务业开始蓬勃发展。从1999年开始，日本专利信息服务市场规模一直保持增长，2009年的市场规模比1999年增长了43%。日本专利市场规模的增长，除了日本专利申请数量提高之外，也受到日本特殊的专利信息服务模式的影响。日本专利信息服务产业主要参与者包括专利局、专利信息服务商、企业和高校协会科研机构。这四者之间是齿轮式的互相影响和支持的关系，运转有序，各司其职，这种有代表性的专利社会制度反过来也推动了日本专利信息服务的发展。

日本政府——专利信息服务的奠基者和引导者

日本专利局，也译作日本特许厅(JPO)。跟中国国家知识产权局一样，主要承担日本工业产权活动中的专利申请与审查任务，对专利数据进行标准化处理，提供电子数据。同时收集国内外专利发展的最新动态，以制定相关政策和措施激励和引导中小企业的专利申请与保护，进而提高日本企业的科技竞争力。日本专利局的作用主要有以下两项。

(1)提供专利原始数据。将专利数据处理成标准化电子数据，并以边际成本向外公开，销售给所有第三方。所谓标准化电子数据是将知识产权信息相关的著录项信息和法律状态加工成用户和信息服务提供商容易进行再加工格式的数据。日本的标准化数据包括发明、实用新型、外观数据等专利基本数据，还包括专利审查过程文件、FI和F-term等日本专有分类数据，甚至一些国外数据。这些数据由专利局出资委托其下属单位进行加工。加工后的标准化电子数据由日本专利局以边际成本向外提供。

(2)提供专利信息查询服务。日本专利局面向社会提供免费查询专利的公共专利信息查询服务平台——特许电子图书馆(IPDL)。IPDL通过网络免费提供工业产权信息。收集有约9200万件发明专利、实用新型、外观设计和商标的公报，以及其他各国发行的公报。并且可以对有关审查、授权、复审等相关法律状态信息进行查询。IPDL的查询量连年递增，已经成为日本专利信息服务市场上必不可少的基础性产品之一。IPDL的数据范围涵盖中国、日本、欧美和韩国等主要几个国家的专利数据。数据库本身功能简单，以查询、阅览为主。在功能方面，检索只有简单的字段检索，只能显示1000件以下结果，但是可以阅览到结果的所有信息，包括著录项、权利要求书、说明书、审查过程文件等。但是只能单件下载。值得一提的是，IPDL中的中国专利数据到摘要部分经日本专利局人工翻译成日文，可读率非常高，便于检索查询。IPDL提高了中小企业、大学及研究机构，甚至个人发明家对专利信息的接触力度，促使更多人参加到研发工作中。

信息服务商——专利信息服务的服务主体

专利信息服务提供的主体是信息服务商，随着日本企业申请专利数量不断增加，对专利信息服务需求增加，本土也涌现出像汤森路透、Questel那样的专利信息服务商。

日本的专利信息服务商和其他国家的不同，没有产业全链条型服务商，主营业务一般为2项，如果一家专利信息服务商从检索平台、分析调查、翻译，到专利货币化、担保融资无所不能，给日本客户的印象不会是“全能”，而是“不专业”。日本市场也确实是这么运作的，每项产品都会有优秀的信息服务商代表。从市场份额来看，日本专利局在2011年的调查中显示，占比最大的还是在线检索服务，也就是数据库产品。其次是调查分析服务，翻译服务排在第三位。专利管理、加工出版、代理检索等基础性服务占比都比较少。

(1)数据库。

日本企业非常重视申请专利前的查询和检索，因此日本大多数专利信息服务商都是以数据库为主要产品进行市场拓展。在汤森路透的

Innovation、Questel的Orbit这些世界性的大型专利数据库已进入日本市场的情况下，竞争非常激烈。而跟这种大型专利数据库进行竞争的日本专利数据库，丝毫不落下风。

日本专利信息服务商提供的专利检索数据库最重要的一个特点就是数据准确。不管是只提供日本数据，还是像汤森路透的Innovation这样提供全世界的专利数据，日本数据库的专利数据不会出现少件、少字段等缺失数据的情况。因为日本专利信息服务商绝大多数是购买数据，购买之后使用各种技术手段检查数据，可以说日本数据库的数据是最准确、最令人放心的。

日本数据库的功能设计最重要的一个目的是，减少用户使用数据库的时间。这个目的听上去很难理解，但是仔细思考一下就会知道，不管是企业的专利申请人员、还是技术研发人员，都有独特的使用数据库的习惯，另外根据调查目的不同，分析角度也各有侧重。如果数据库做了太多检索者该做的专利数据分析的事情，就很难让所有人都满意了。因此，日本的数据库是从功能入手，将所有能想到的、方便使用的功能都设计出来。因为检索者使用数据库的目的都是一样的，就是找到自己想要的专利，下载到自己想要的专利。所以日本数据库在检索和下载这两方面下足功夫。

日本数据库还有最重要的特点，就是极致的服务和稳定性。去过日本的人可能都有种体会，就是服务态度堪称世界第一。日本人也把这种服务的精神带入专利信息服务市场。销售数据库的同时经常搭配一本详尽的数据库使用指南，从登录开始，到检索时的技巧，包括遇到各种问题的解决办法，无微不至。这也是数据库的增值服务之一。

日本数据库虽然数据庞大、功能多样、使用者人数也非常多，但是极少出现数据错误、无法使用某功能、无法下载文件甚至打不开数据库的现象，这是因为提供数据库的日本专利信息服务商以用户为上帝，处处从用户的角度思考，他们知道一旦用户发现问题，那么因此产生的恶劣影响用几年时间甚至十几年时间都无法弥补。这也是虽然日本专利信息服务市场每年都保持增长，但每年都有专利信息服务商破产的原因。真正的专利信息服务商，是从最基本的开始做起。

（2）调查、分析。

日本绝大多数公司都非常注重知识产权的研发、管理和保护，因此在日本市场上，专利调查所占比例非常高。日本的专利调查分析服务主要是由专利信息服务商提供的，市场价从6000元到几万元人民币不等。另外日本非常注重信息的及时性，因此催生出一种特殊的调查方式——SDI跟踪报告。SDI的意思是selective dissemination of information，选择信息并推送。通过专利信息服务商提供的从法律状态的改变到转让担保信息的及时通知，日本企业用这种方式监督竞争对手的专利情况。

日本的专利调查报告很少只调查某个国家，因此使用的数据库大多是世界性的数据库。中国专利信息服务商在数据方面，大多使用SIPO、CNIPR等有官方背景的数据库，以及SOOPAT等开源数据库。

（3）翻译。

日本市场上翻译公司分为翻译软件公司和翻译服务公司两种。机器翻译软件到2013年之前为止都以英日翻译为主，即将中国专利信息通过机器翻译译成英文，再从英文机器翻译到日文。经过两次机器翻译的过程，损失信息较多。2014年东芝和日本专利情报机构相继研发出中日机器翻译,可读率有很大提高。但是从日本企业用户的问卷调查来看,这两家公司的可读率还不能令客户满意,甚至不如谷歌翻译。

(4)专利管理。

专利管理系统是日本企业经常使用的知识产权软件,其中日立情报所的管理系统占市场份额最大,达到80%以上。管理系统通常包括以下三个方面:申请流程管理、年金缴纳管理和申请文件撰写管理。企业的所有专利都在企业内部进行管理,在这个过程中可以实时监测到专利的申请进度、已授权专利的费用缴纳情况,还可以对是否缴纳某件专利的年费进行公司内部讨论。通过这些琐碎的工作,企业将对专利的控制权牢牢地掌握在自己手中。

(5)专利运营。

日本还有一些信息服务商以科技水平为基础,提供高质量的专利地图、专利雷达的软件。科技含量高的专利雷达软件,可以通过直接输入某篇专利的摘要或者网上的科技新闻,在全球范围内找类似专利。通过专利申请年的推移,推断出公司申请人的研发趋势。适当使用这种分析工具,不仅可以掌握自己公司和竞争对手公司的研发情况,预测未来的研发趋势,还可以预测专利诉讼的可能性及所涉及专利。

企业——专利信息服务的对象

日本企业最大的特点,就是重视信息收集工作。但是,专利调查是个机密性非常高的工作,从调查内容上可以看出公司的未来研发方向、全球战略等,为了保密,基本都由企业内部员工完成。日本企业顺势而为，将这些部门变成知识产权调查公司，提供知识产权方面的咨询工作。这些隶属于大型企业的知识产权咨询公司，不仅提供专利调查分析的服务，还提供数据库等产品。

协会、高校、研究机构——专利信息服务的支持者

行业协会在日本市场的努力有口皆碑，利用专利信息分析行业在国内外的发展趋势，为行业内的企业提供尽可能多的培训、研讨和市场情报信息。高校、科研院所主要着眼于专利信息研究、专业人员教育培训、专利数据资源建设和自身专利信息应用能力提升方面。

考虑到行业协会的规模及影响力，此报告列出了日本专利局下属机构和协会的职能、机构性质及业务内容，可以明显看出，除日本专利情报机构以盈利为目的之外，其他机构都以为专利局服务、为审查员服务、为专利信息服务商和企业服务、举办研讨会、培训人才等为己任。

通过国家和社会的Best Mix组合，日本专利信息服务市场呈现产品和服务分为两层的倒金字塔结构。第一层（上层）是日本专利局以及其下属法人团体、协会等提供的基础数据和基本性产品服务。例如日本专利局以边际成本提供的原始数据，IPDL电子专利图书馆。第二层（下层）是专利信息服务商提供的商业性数据和商业化产品服务。例如专利信息服务商自己加工的翻译数据、申请人代码数据、同义词词典数据等。在这些深加工、附加值高的数据的基础上，提供了各具特色的产品和服务。日本专利局实施的这种工业产权政策，促进了日本专利信息服务市场的健康发展，专利信息服务市场的规模也在逐渐扩大。

第四节　专利VS商业秘密，两个国度？

2016年2月14日

2016年1月14日，国家知识产权局召开新闻发布会，发明专利2015年度申请受理量首次超越了100万件，达到110.2万件，同比增长18.7%。对于实施专利制度仅仅三十几年的中国来说，无疑是一种了不起的成绩。发明人在科技创新时能够想到专利保护已经是在意识层面的突破。随着《中华人民共和国专利法》第四次全面修改进程的逐步推进，以及各项专利保护与运营促进政策的出台，我国科技创新的环境在朝着更好的方向发展。

尽管专利制度发展的势头良好，但是在微观层面仍然面临着很多的挑战。最主要的问题就是企业对于专利管理和运营的理解还过于粗放，认为只要获得了专利权就万事大吉了。尤其是对于那些放眼全球的科技企业而言，缺乏精细化专利运营管理能力将会阻碍他们走出去的进程。

前不久与一位专家交流国外专利布局的相关问题。这位专家已经在国内申请了几十件专利，可以说对国内外的专利制度多少都有一些了解。但是席间谈及专利许可策略，问到试验数据、最佳实践方案、市场推广数据等内容都是否保存完整等问题时（因为这些都是国外企业间专利许可合作的重要谈判筹码），这位专家此前竟从未考虑这方面的问题。

事实上，倘若他的企业在走出去时只考虑专利保护，势必在商业权益上无法得到最大化保障。也就是说，专利不是企业的全部。企业在经营过程中应关注商业秘密保护。

商业秘密也是一项非常重要的知识产权类型，在美国实际上得到了更多的关注，相关法律条文包括《侵权法重述》《统一商业秘密法》《反不正当竞争法重述》以及有关判例。对于商业秘密来说，只要能保守住秘密的，理论上保护期限可以无限长。而企业要想自己的商业秘密得到法律的保护则必须在保守秘密方面作出适当的努力。商业秘密保护范围非常广泛，包括科学、技术、工程的数据结果，客户名单，供应商名单，处理工艺，设备操作技巧（know-how），商务及个人信息，软件源代码，化学公式等任何可以带来竞争优势的机密信息。在2013年美国发明法案出台之前，美国还是先发明制，其Laboratory Notebook制度为良好的科技商业秘密保护奠定了非常好的基础。科技成果在申请专利之前统统都是商业秘密，是企业的重要无形资产。

既然是秘密，一定是不能公开的，秘密不慎公开的话也会导致商业秘密的丢失。在前段时间热播的电视剧《北上广不相信眼泪》中，我们也能看到企业是如何保护自己的商业秘密的。而专利则是用信息公开换一个时期合理范围内的垄断，这是二者最大的区别。

然而，商业秘密只能对抗不轨行为，例如商业间谍，逆向工程和独立开发则完全可以对抗商业秘密。言外之意就是，如果发明技术产品比较容易被别人通过逆向工程或者独立研发出来，那还是获得专利权比较靠谱。在权衡保护成本方面，企业若考虑商业秘密，则需要计算商业秘密信息保护的投入以及诉讼时的举证成本；对于专利而言，则需计算专利代理费、申请审查费、维持年费等成本。

当然，专利与商业秘密也并非处于两个国度。譬如在科技成果许可实施或者合作研发时，一定会同时涉及专利和商业秘密。专利仅仅是记录技术方案，还不是产品。围绕着专利产品一定还有大量的过程数据、know-how，这些都是以商业秘密的形式存在的，都是合作企业在制订协议时的重要谈判内容，也是最容易产生分歧的地方。尤其是对合作研发，双方研发前的知识产权归属以及研发后的知识产权归属问题需要在协议中明确规定。总之，企业精细化的专利运营管理离不开商业秘密，尤其是对即将走出去的企业。

说点
其他

专利大数据发展路径

2016年6月3日

2015年9月5日，国务院印发《促进大数据发展行动纲要》(国发[2015]50号)，标志着大数据上升成为国家发展战略。该战略对政府治理与服务提出了更加精细化、科学化和规范化的管理要求，也对政府管理和服务数据的公开、共享与开发利用提出了更为明确的要求。

目前，大数据业界所涉及的“数据”通常是指互联网、移动终端和物联网的用户数据，如互联网搜索数据、电商网购行为数据、用户位置信息、可穿戴设备记录的人体活动数据等。而随着技术创新和“双创”的开展，一些大数据企业也将视线投入到了专利数据上，同时，专利行政管理机构以及专利行业内企业也期望利用专利大数据进行创新。

专利大数据发展路径

根据国内外业界对专利大数据的应用情况，专利大数据发展大致可以分为三个阶段:一是全球专利文献数据收集整合加工处理;二是整合利用专利行业生态系统数据;三是将专利数据与金融、宏观经济、产业发展等信息进行广泛融合,促使专利行业融入整个国民经济、科技创新生态系统。接下来,本文将从数据范围以及大数据技术两个方面对专利大数据发展路径进行阐述与展望。

1. 专利大数据1.0时代:全球专利文献数据与案卷数据大融合

这个阶段,专利业界主要是对全球主要国家或地区的专利文献数据以及案卷数据进行收集整理,并对其进行标准化与结构化加工处理,同时能够采用数据统计及可视化手段展示数据之间的关系,主要用于提高专利文献检索与查询的效率,而这恰恰是所有专利活动的核心。在专利数据应用上,服务商更为关心专利数据的范围以及质量。专利信息服务商已经开始提供专利数据资产化运营服务,这一点从美国专利信息用户组织(Patent Information User Group)网站上列举的专利文件递送服务(Patent Document Delivery)的数量可见一斑。

虽然,专利数据加工、交易和服务在这个阶段已经创造了一个产业,这个产业的存在也表明了专利数据在为科技创新和企业服务方面的使用价值。但是,这个阶段所采用的技术大部分还停留在数据处理的阶段,还不能称之为真正意义上的大数据技术。语义网、机器学习等技术主要应用在专利检索、机器翻译等领域,中文专利数据应用效果难以得到广泛认同。

2. 专利大数据2.0时代:专利生态系统数据广泛应用

随着专利数据量呈指数规模的增长,服务商已经不再满足于原始专利文献数据与案卷数据的获取和提供,而是期待更加深度地发掘专利生态系统数据的交易价值以及关联价值。

专利生态数据价值将在我国专利法第四次全面修改以及大数据国家战略的推动下得到进一步的提升。一方面,新修订的专利法征求意见稿明确要求“提供专利信息基础数据”,这将降低原始专利数据交易成本,鼓励利用专利数据创业行为,并催生出更多高质量的增值数据。另一方面,随着大数据国家战略的推行,大数据交易运营平台模式也应运而生。这些平台企业具有良好的数据运营能力和经验,建立起一整套符合市场规律的增值数据交易规则以及数据赋权赋值体系,例如亚信、数据堂等企业都在这个领域进行尝试。在上述两股力量的驱动下,专利领域在这个阶段也将孕育出专利大数据创新运营平台。政府部门在这个阶段的主要任务是提供符合标准规范的基础数据,建立和规范专利数据运营生态系统。专利与大数据这两个产业将碰撞出更多火花。

这个阶段除了专利数据交易行为更加规范、规模更大,还将伴随增值性专利数据类型以及应用数量的井喷。专利文献数据也将与专利交易、许可实施、执法维权、法律诉讼以及平台日志数据、用户行为信息等多个维度数据进行关联,对服务场景进行还原,改善系统使用体验,识别用户行为模式,为用户提供更有价值的、面向决策支持的数据服务。国家电网公司在这方面为我们提供了借鉴。2015年1月,国家电网公司发布了《国家电网公司大数据应用指导意见》,涉及电网生产、经营管理和优质服务三大方面,44个典型应用场景,建成了大数据平台,并选取了电力负荷预测、防窃电预警等10个典型业务开展试点建设。

根据目前大数据产业界的应用,这个阶段专利大数据应用将主要体现在以下四个方面。

(1)服务精细化管理:利用系统日志、反馈评价、用户报修等数据研究用户访问行为,对业务处理环节进行监控与预测,提升用户体验,为用户提供更高质量的专利信息服务。这在业界已经有了较为成熟的方法与实践。

(2)企业画像与识别:将专利代理、申请、审查、复审/无效、法律诉讼等数据关联成线,按照人员、时间、地点等多个维度,还原企业创造与运用专利的实际场景,研究分析企业画像,可以用于识别企业疑似恶意申请行为、专利代理公司能力评估、专利检索服务能力评价。

(3)业务场景预测:对于我国特定领域专利案件申请增长量建立合理有效的预测模型,为审查人力资源管理、产业发展提供决策支持。

(4)宏观政策决策支持:利用文本挖掘、语义网等技术,对公众用户检索查询数据进行深度分析,获取国家、产业科技创新关注热点,为国家、区域宏观决策提供支持。

当然,这个阶段的专利大数据应用绝不仅限于上述四种类型。新应用的数量意味着整个专利信息商业服务市场的价值,也意味着大数据领域专家对专利数据更多的关注。

3. 专利大数据3.0时代:专利数据与国民经济数据的广泛融合

这个阶段,专利大数据应用与政府治理、经济发展、产业驱动和企业经营的结合更为紧密,非专利领域的政府部门将更加关注专利数据,企业也将专利数据应用融入整个经营活动,专利创造、管理、运用、保护等都将围绕数据开展。例如,在William J. Murphy, John L. Orcutt, Paul C. Remus撰写的《专利价值评估:通过分析改善决策》(*Patent Valuation*:

Im*proving Decision Making Through Analysis*)中阐述了利用专利大数据建立专利价值评估模型的方法。除此之外,众多美国专利信息服务企业已经开始以专利大数据为基础开展知识产权商品化(IP Commercialization)、货币化(Monetization)、尽职调查(Due Diligence)等高端服务。虽然上述服务的使用效果还有待观察,但却表明了专利大数据的未来发展方向。

另一方面,从大数据业界来看,已经有企业将专利数据作为重要信息来源,例如数联铭品公司利用2000多个数据源建立企业全息画像,用来开展实时动态的企业尽职调查服务,并可以提出债券市场定价模型,计算中小企业信用风险预计指数,提出企业数据资产管理模型等服务。在这个阶段,更多专利大数据应用或指数模型将被创建,例如企业知识产权风险管理模型,用来支撑企业走出去与"一带一路"倡议的实施;国家、地区或企业科技创新指数模型,用来衡量研究企业的科研技术以及专利能力。

但是,专利大数据是否能够顺利发展到这个阶段,很大程度上取决于专利数据服务行业能否健康规范的发展,让其他领域能够看到价值与机遇;另一方面,也取决于人工智能、机器学习以及语义网等技术的发展与成熟。

面临的挑战

尽管目前我国有多股力量推动专利与大数据产业融合,但是在实际发展中还是面临着许多挑战。

（1）专利数据科学家人才缺乏。即使是目前大数据业界已经非常热门的互联网电商、金融、征信等领域，数据科学家也是非常紧缺。最近，几家知识产权创业公司吸引的风险投资或许可以让更多数据专家看到进入这个行业的前景。

（2）专利领域的大数据技术应用往往停留在统计处理层面，只有在专利检索与机器翻译等专业领域方能见到文本挖掘、语义网等技术的探索与应用。另外，专利领域公开的大部分是原始专利文献数据以及案卷数据，专利管理、交易、执法、诉讼等数据的开放性以及可用性都有待进一步加强，这也导致了专利数据应用的丰富性和多样性不足。

（3）专利数据交易引导不够，尚未形成有效机制鼓励专利信息服务商交易增值数据。

应对策略

（1）自从大数据上升为国家战略以来，政府治理与企业服务应更加强调数据驱动与科学决策，利用好大数据、互联网和信息化。尤其是在数据服务方面，政府应关注专利数据应用生态系统，让整个专利服务市场更大、更活跃，让与专利数据有关的商业应用与服务百花齐放。

（2）明确数据应用目标以及场景是开展大数据的前提，盲目地收集整合存储数据带来的是管理成本和技术成本的增加，无法有效体现大数据的价值，从而给整个发展战略带来负面影响。可以借鉴国家电网从一两个简单的应用场景出发开展试点，解决关键数据分析模型，打通各个管理节点，再推广铺开。

(3)建立专利大数据发展产业联盟，与大数据产业进行深度合作，建立专利数据产业规范，引入数据科学家和行业专家，为企业提供更加精准的服务。

(4)注重数据安全的重要性，随着专利大数据价值不断被挖掘，政府部门以及信息服务商都应保证敏感数据不被窃取、泄露，这也是专利大数据行业健康高速发展的基础之一。

未来展望

随着《国务院关于新形势下加快知识产权强国建设的若干意见》(国发[2015]71号)文件的发布，专利创造、管理、运用、保护和服务能力都将进一步提升，而大数据则是政府治理与企业经营现代化的基础。专利行业应贯彻以数据驱动为核心的战略规划，创新企业规模的扩大也预示着这个行业将引入更多的资本与人才。专利大数据将获得更多政府部门与其他产业的关注，不同行业的数据关联与融合将进一步推动经济发展、产业规划，优化专利大数据生态系统。

第六章

专利有用与专利有价

从专利有效到专利有用，再到专利有价，这是一条漫长而又充满惊喜的道路。2015年第十二届全国人大第十六次会议高票通过新的《促进科技成果转化法》，无论对于发明人，还是申请机构，抑或是未来运用专利的企业，都无疑是一剂强心针。如何让自己的专利用起来，值钱起来？如何精准的估算专利的价值？是每一件专利现在的主人和未来的主人所持续关注的问题。

第一节　你的专利“有用”吗？

2014年5月18日

近日看到一篇名为《别让你的专利有效但无用》的文章，其中提到北京市高级人民法院高级法官程永顺经常面对“为什么我的专利老被模仿，打官司还总是打不赢”的提问，这让笔者感触良多。

《中华人民共和国专利法》自1985年4月1日实施以来，专利申请量、授权量以及有效量都持续增长。专利有效量是指处于专利权维持状态的案卷数量，与申请量和授权量相比，有效量是存量数据而非流量数据。

你的专利“有用”吗？

去年，一位朋友申请了一个生物农药专利（当时也找了一家知名专利代理所提供代理服务），在今年4月获得了专利权。可以说申请在专利代理人的服务下，过程还算顺利。虽然现在他的专利处于有效状态，但是其申请文件内容几乎就是最初他交给专利代理人的技术交底书，对权利保护范围到底能有多大，能否拿来遏制竞争对手，赢得市场，而这位朋友完全不清楚。然而，这不正是所谓专利这项历史悠久的排他权利的真正用途吗？

你申请专利是为了“用”么？

在中国，企业申请专利，可能有时候真的不是拿来“用”的。在去年回家过年时，遇到一个亲戚（他是一家小型但却发展很快的通信设备企业的技术骨干），他问了一个让大家都感到尴尬的问题：“专利到底有什么用？”

为了维持“高新企业”的身份，他很不情愿地为该企业的几项技术申请了专利并且支付了一笔专利代理费用并缴付年费。对他而言，申请专利不仅不能给他的企业带来实际的利益，反而增加了很多负担。笔者耐心地给这位亲戚讲解了专利的由来与本质，才让他逐渐了解。由此，笔者觉得如果企业申请专利的目的本身就不“纯正”，那又何谈“有用”呢？说句题外话，促进专利申请的行政命令等一系列计划经济下的做法在某个特定的时段也许能解决问题，但是从长远来看，用好市场这个看不见的手才是未来之路。

怎么能让专利“有用”呢？

首先，打铁还需自身硬，企业要想让自己的专利有用，还得从自身做起。在找专利代理人撰写代理的时候，不仅要技术交底，更要清醒地认识到国内外竞争对手的专利布局与经营策略。就像高手下棋一样，走一步看三步；在申请专利的时候就要想到将来可能遇到的经营及市场竞争风险。申请专利不是课题申报，申请之前简单的查新达不到应有的效果。

其次，专利代理行业是否也应该提升专利代理服务的能力和意识呢？专利文件的权利要求就是企业今后参与市场竞争的武器，而制造这个武器的人就是专利代理。你制造的武器要能够击倒你客户的对手或者抵挡住攻击，这一点专利代理人必须时刻牢记。仅仅以获得专利权为目标，你将永远无法成为优秀的专利代理人。

第三，政府的政策引导和宣传也是很重要的。如果国家专利主管部门关注的内容也是仅仅停留在专利的数量或者专利技术本身的优劣，那么作为创新主体的企业们又如何能够清楚地认识到专利的真正作用呢？

以联想为例，2014年3月21日联想宣布与Unwired Planet公司（无线行星公司）完成专利交易，确认从该公司购买21项专利组合；同时有条件持有Unwired Planet专利组合的使用授权。交易总额约为1亿美元，并以现金形式支付，整个交易预期将在30天内完成。联想的此次专利运营事件可以说是中国企业完成的一笔专利大单。

那么，到底Unwired Planet是家什么样的公司，它的专利有什么过人之处值得联想花如此大价钱购买呢？

1. 专利申请以美国为据点，遍布世界各国，主要涉及无线通信网络

根据Google Patent专利搜索，直接以Unwired Planet为申请人的专利在全球的专利超过了100余件，其中一半以上都是在美国申请的，其次是欧洲。申请的专利多为无线通信网络、移动通信网络等内容，可见联

想的此次购买主要是为了布局欧美市场的通信网络市场。

2. 同族专利和被引证量巨大,专利影响力深远,价值较高

从同族专利数量上看,Unwired Planet 的成绩单是十分亮眼的,仅从简单同族来看,该公司专利的平均同族数量达到了4件,而最多简单同族有14件;从被引证数量上看,该公司的专利也非常活跃,平均每件专利的被引证专利件数接近12件,最多的一篇曾被77次引证。

3. 近两年以来专利运营活动频繁,早年曾与谷歌有交集

从专利运营情况来看,Unwired Planet 公司在联想之前已经有10余件专利进行过转让活动,大部分都发生在去年和今年,其中11件专利现在的拥有者为Cluster公司(见表3)。而在2010年10月谷歌也曾经从该公司获得了1件名为Predictive data entry method for akeypad的专利。

表3 Unwired Planet 专利转让情况

申请号	申请日	公告号	公开公告日	专利名称	原申请人	现拥有人
US13058388	2008-08-15	US8665866B2	2014/03/04	Relative time division for network coding	Unwired Planet, LLC	CLUSTER LLC
US12445070	2006/11/01	US8644263B2	2014/02/04	Method and arrangement for Sinr feedback in MIMO based wireless communication systems	Unwired Planet, LLC	CLUSTER LLC

续表

申请号	申请日	公告号	公开公告日	专利名称	原申请人	现拥有人
US12674376	2007/08/21	US8594685B2	2013/11/26	Multi-carrier frequency assignment method	Unwired Planet, LLC	CLUSTER LLC
US12964398	2010/12/09	US8588774B2	2013/11/19	Technique for determining a cellidentity	Unwired Planet, LLC	CLUSTER LLC
US13746155	2013/01/21	US20130267233A1	2013/10/10	SELF CONFIGURATION AND OPTIMZATION OF CELL NEIGHBORS IN WIRELESS TELECOMMUNICATIONS	Unwired Planet, LLC	CLUSTER LLC
US12375356	2006/07/28	US8548454B2	2013/10/01	Methods, mobile network node and mobile terminal for reducing the number of unsuccessful service change requests performed by the mobile terminal	Unwired Planet, LLC	CLUSTER LLC

续表

申请号	申请日	公告号	公开公告日	专利名称	原申请人	现拥有人
US13728494	2012/12/27	US20130229962A1	2013/09/05	METHOD AND AERANGMENT IN A COMMUNICATION STSTEM	Unwired Planet, LLC	CLUSTER LLC
US12447109	2006/10/26	US8477608B2	2013/07/02	Method and receiver for controlling the conformance of a data flow in a communication system to a traffic definition	Unwired Planet, LLC	CLUSTER LLC
US12811406	2008/12/15	US8467822B2	2013/06/18	Method of transmitting data block information in a cellular radio system	Unwired Planet, LLC	CLUSTER LLC
US12674978	2007/08/24	US8462699B2	2013/06/11	Admission control of emergency connections	Unwired Planet, LLC	CLUSTER LLC
US12739906	2007/10/25	US8432841B2	2013/04/30	Methods and arrangements in a radio communications system	Unwired Planet, LLC	CLUSTER LLC

续表

申请号	申请日	公告号	公开公告日	专利名称	原申请人	现拥有人
US08570384	1995／12／11	US5911485A	1999／06／15	Predictive data entry method for a keypad	UNWIRED PLANET INC	GOOGLE INC.

从以上三点来看，笔者认为联想的这次专利购买应该还是比较靠谱的。我们也期待更多的中国本土企业能够尝试不同的运营方式，让自己的或“拿来”的专利更有“用”！

第二节 漫谈专利价值评估

2015年5月18日

专利运营这个概念可以说是时代发展的产物，而谈到专利运营，不可回避的一个关键问题就是“专利(价值)评估”。相信对于很多知识产权界朋友来说，专利价值评估或者说知识产权价值评估虽然近些年来听的比较多，但是具体到操作层面上看还是比较陌生的。

大家通常认为开展专利价值评估需要学习和理解很多复杂、精密的数学模型，并通过一系列运算得到一项专利或者几项专利组合的准确价格。实际如何呢？

专利能给权利人带来哪些好处？

事实上，专利作为一个重要的无形资产，其价值来源于技术和法律两个方面。一方面，企业之所以研发新的技术，是为了满足用户的实际需求。新的发明技术本身能够带来商品价格的提升以及市场份额的扩大，或者降低企业生产、运营的成本开销，从而增加企业的利润。

另一方面，企业根据自身的战略部署、市场环境以及竞争对手情况，挑选适合的技术申请专利，获得该技术的排他权利，进一步巩固自己的市场地位。不仅如此，还可以通过技术转让、实施许可、质押融资等途径获得现金流收入。甚至通过法律诉讼，得到调解或者法律救济补偿。

所谓的“专利价值评估”（或“专利评估”）从某种意义上说就是评估上面这些“好处”所产生的经济利益。

如何进行专利（知识产权）价值评估？

在市面上能够看到一些关于知识产权价值评估的书籍，里面都介绍了大量的计算方法、公式、模型，其实归根结底，主要分为收益评估法（Income Method）、市场评估法（Market Method）和成本评估法（Cost Method）。收益评估法是最为直接的价值评估方法，即评估专利在未来能够产生的收益利润。市场评估法是借鉴、比较目前专利技术市场的交易信息。而成本评估法则是计算研发技术以及获得专利权等相关开销。无论哪种方法，都需要结合特定的场景，例如，技术转移、质押融资、专利诉讼等。无论哪种方法，都存在着优缺点，在使用过程中需要时刻牢记。

专利价值评估过程中涉及很多财务方面的知识，是否专利律师无法主导这项任务呢？当然不是。

事实上，在运用这些评估方法（主要是收益评估法）时需要查阅财务报表,需要理解那些财务方面的专用名词,需要明白这些报表里面数据的含义,需要明白在评估过程中使用哪些数据。达到上述条件,具备基本的财务知识即可。专利价值评估最为关键的是对技术本身的市场前景的预测能力以及对专利法律范围的理解,这些才是专利律师的强项。

因此,专利价值评估需要的是一个囊括了专利律师、发明家、企业市场专家的团队,良好的团队管理、沟通、协同作业是价值评估的关键。

专利价值评估是要一个具体的数值么?

专利价值评估究竟要不要得出一个准确的、具体的数值呢?这的确是一个"美好"的理想,但是由于专利技术交易数据的缺乏以及市场预测的不确定性,在目前现实商业环境中很难做到。所以,在实际操作中,我们应更多地将其视为改善企业商业决策的方法。企业在经营的各个阶段都会面临知识产权方面的问题,而专利价值评估则是一个收集信息、分析信息、制定决策的过程,提高企业管理经营决策的效果和效率。

我国以及欧美国家的很多业界同行都在研究如何利用专利大数据来计算专利的价值。这是个非常具有光明前景的方向,不过由于专利交易信息的不完全公开性,真正商用可能还需要一段很长时间的积累,让我们拭目以待吧!

第三节 专利价值评估方法论

2016年4月22日

今年年初，中国资产评估协会发布了《知识产权资产评估指南》（以下简称《指南》）。这个指南为知识产权价值评估这项过去很难有人涉足的领域提供了一个操作框架。可以预见，该文件将为我国“十三五”期间知识产权运用交易的繁荣奠定一个良好的基础。在《指南》的第二十五条，给出了资产评估的三条基本方法——收益法、市场法、成本法。这三项方法同样适用于专利的价值评估。虽然在市面上很多介绍专利价值评估的书籍往往介绍了很多的评估分析方法，充斥着数学公式与算法。但归根结底，专利价值评估都是这三种基本方法的变形。

收益法（Income method）

简单地说，收益法就是看专利在未来所产生的经济利益，是让企业向前看。未来经济利益折旧法是其中运用最广泛的一项计算方法。这个方法要求评估人员能够较为合理的预测企业未来经营的收入，并将折旧考虑进去。预测企业未来收入的基础是过去企业的经营财政状况，这些状况的信息大部分记录在企业财务报表中。因此，读得懂财务报表，能够理解其中的术语，合理地利用其中的信息是专利价值评估人员的重要技能。需要注意的是，在计算未来收益时，通常应当使用经营利润（Operating Profits）进行计算，因为这个指标更能够反映企业的生产、销售状况。

那么，专利价值评估是不是只有会计人员才能做呢？当然不是。因为，按照国际通行的会计准则，会计这个行业往往都比较保守谨慎。这个特点虽然对于会计这个行业是必要的，但是对于专利而言就会略显不公平。例如，会计准则要求自行研发技术在研究阶段的投入只能作为费用处理（不计入资产），研发成功后专利申请费才能作为无形资产计价。这是因为，技术研发的高度不确定性，并且即使在技术上成功也不代表商业上成功。因此，企业自创的专利不会体现在财务报表上。

另外，我们再看看折旧因素。这里往往是和专利市场推广风险、技术领域、法律保护强度、维权难度等因素有很大的关系。这些都需要专利发明者本身和市场人员、法律专家共同对运营的风险进行分析判断，给出相对准确的折旧率。

最后，我们可以利用一系列的决策分析工具，将团队中专家们对未来收益以及折旧的经验判断转化为相对来说合理的数字，例如运用决策树的方式，来减小未来经济利益折旧法中输入数据的偏差。当然，利用收益法并不意味着最后计算的结果一定准确，就是资产价值的体现。而是说，在整个分析决策的过程中，让企业经营者能够更加明白地进行管理决策，至少比没有数据要强。

市场法（Market method）

市场法形象地说就是看看四周，大家都是怎么进行定价的。市场法主要包括两种形式：竞争市场法和市场比较法。竞争市场法的典型就是拍卖竞价。当然了，要让一个拍卖市场的交易价格能够真实地反映资产的价值，需要满足以下几个条件：①足够多的买家和卖家；②买家和卖家都是在追求利润最大化；③信息公开透明；④交易品可相互替代；⑤找到所需资产以及谈判的成本较低；⑥没有什么外部第三方参与，例如政府对拍卖市场的货品数量、价格进行规定。这些条件非常理想，现实通常是很残酷的，往往只有股票市场以及投资型房地产市场才能够满足上述部分条件。对于专利交易运营来说，缺乏活跃的参与者和信息的公开透明都使得这个模型难以适用。

再看看市场比较法，也就是看看现在这个市场上大家买卖专利的价钱都是多少。实际上可以参考的数据往往来自公司清盘时的资产定价以及专利诉讼判决结果。交易数据的缺乏以及专利个体的独特性使得专利之间以及专利组合之间的比较非常困难。在2015年颁布的《促进科技成果转化法》中提出了“国家建立、完善科技报告制度和科技成果信息系统，向社会公布科技项目实施情况以及科技成果和相关知识产权信息”。可以预见，专利交易运营中的信息公开问题可以逐步得到解决。信息的公开以及市场的规范是整个市场繁荣的基础。

市场方法也存在另外几种变形，值得一提的是大数据方法。专利大数据也就是利用与专利创造、运用、管理、保护有关的多个维度的数据对专利进行标引，从而实现专利之间以及专利组合之间的横向比较，例如专利的前向引用、后向引用、最短独立权利要求的长度（越短证明法律强度越高）、独立权利要求的数量、总的权利要求数量、说明书的长度、针对该专利诉讼官司的数量、专利审查时间的长度、是否通过了复审程序、是否在国外申请（多少个国家申请）、专利族的大小、专利技术的行业、专利发明人的数量、专利发明人以往发明的跟踪记录等。这里所述的大数据指的是数据的维度大，能够在一个场景下尽可能清晰的进行企业或资产描述的数据。从目前技术的发展趋势看，专利价值评估的未来就是专利大数据，但是依然取决于数据的积累以及分析能力的提升。

成本法（Cost Method）

这个方法就是通过计算企业在创造专利过程中的开销，主要包括发明技术研发投入、专利代理费、申请费、维持费等。这个方法在数据来源、计算方法上都比前两种方法简单，尤其是其计算结果的客观性是前者无法具备的，也是财务人员通常所采用的方法。但是，它的问题也非常明显，即没有将专利的未来收益考虑进去。

成本法主要的形式有两种，一种是计算专利技术本身的创造开销，另外一种是计算与本专利技术相对应的替代技术的创造开销。前一种很好理解，后一种提出的是一个机会成本的概念，也就是说，在成本法分析的框架内，企业在不投入资金开发专利技术的情况下，可以花费多少来获取到这项替代的专利技术。当然，后一种方法更加复杂，需要非常精细的技术、商务以及法律分析。同市场比较法面临的问题一样，如何找到类似的替代技术是一个大问题。

总的来说，这三种方法各有优劣，在评估专利价值时，可以单独使用，也可以组合使用。另外，这三种方法都有着多种不同算法的变形，但是其基本原理、适用场合都是相通的。因此，学一点财务知识，具备一点量化投资的基本技能可以使得专利人站在一个更高的位置，用一种更广的眼光来看待专利价值，也能够更加有效地帮助企业制定涉及专利的经营决策问题。在专利运营大潮来临的今天，难到你不想试试吗？

第四节 企业专利布局之路

2012年11月16日

技术专利在最近十年变得越来越重要,在国外,尤其是美国和欧洲,知识产权保护体系相对完善,专利已经成为企业之间竞争的利器。公司的专利作为资产储备,在市场竞争中会成为攻击对手的武器或被攻击的软肋。

Facebook的专利之路对我国新兴科技企业的启示很大,尽管它是发展如此迅速、市场规模跻身世界前列的互联网公司,也同样因为前期对专利的忽视,导致其曾一度陷入诉讼的尴尬境地,而后则要通过大量的经济补救才能挽回其业务和品牌上的损失。

中国知识产权报曾有刊文称:自2009年7月中国证监会正式受理国内企业创业板上市请求以来,截至2011年12月,已有281家企业成功登录创业板。同时,轮候待审的企业达220家,其中25家在初审中,126家在落实反馈意见中,39家已过会,30家被否。与该数字相对应,拟在创业板上市企业的知识产权诉讼数量也大幅增加,相关诉讼的种类几乎涵盖了所有的知识产权范畴，从占更大份额的专利、商标，到著作权、商业秘密等种类面面俱到。因此，重视专利管理，保护专利技术，应该更早地纳入到现代企业，尤其是科技互联网企业的管理中。

通过个人申请或者合作申请，预防专利风险

随着科技互联网企业的迅速发展，其产品和技术迭代相对传统企业也更为快速，但专利申请的相对复杂和滞后是这类企业专利申请较少的重要原因之一。可以通过与研究所、高校合作或者是内部个人的名义提前进行专利申请，将这个过程大大提前，从而预防后续可能引发的专利风险，同时也可以作为蒙蔽竞争对手的有效手段。

通过收购和交换，规避专利诉讼

2012年，当雅虎声称Facebook建立的社交网络在本质上侵犯了雅虎的知识产权并就专利权起诉后，Facebook首席执行官马克·扎克伯格(Mark Zuckerberg)在一个月的时间内抢购了逾1400项专利，立即对雅虎予以反击。

通过专利权的收购，Facebook不仅提高了自身在与雅虎诉讼中的地位，而且积聚了资本以应对那些因Facebook上市而意欲起诉Facebook的其他公司。收购和交换专利，是最快速积累专利储备，规避专利诉讼的方法之一。

通过出售和授权，开拓专利盈利新渠道

全球最大专利拍卖公司ICAP专利经济行CEO迪恩贝克尔(Dean Becker)曾说过："还有很多有价值的专利等待销售，市场中每一个运营公司都会因为专利诉讼面临损失、分心和潜在的财务风险。"

可见，目前企业对于专利价值的挖掘还远远不够。老牌IT厂商IBM，已经正在成为通过专利累积财富的互联网公司代表。为了防御专利诉讼，谷歌已经先后从IBM购买了数千个专利；同样，拥有2万多项专利的IT巨头微软公司，也通过授权方式与Facebook达成合作，从而使后者避免雅虎的侵权诉讼的同时，也使自己从中获得了不菲的经济利益。

这些巨头在专利储备达到一定规模后，已经将专利作为公司有价值的资产和产品进行交易，并开拓出新的盈利渠道。

说点其他

《促进科技成果转化法》与专利运营

2015年9月18日

第6届中国专利信息年会的主题是“专利运用新业态支撑经济发展新常态”，在业内引起广泛关注，众多政府部门、专利信息服务商以及企业的同仁都应邀参加。目前，整个市场还处于蓝海竞争的阶段，开阔视野，加大创新，把蛋糕做大，把知识产权融入科技创新与经济发展的大环境，是每一位有历史使命感的专利人需要努力的。

毋庸置疑，这个新业态的典型代表就是专利运营。专利行业中真正推动企业创新、经济发展的重要环节——只有“活”的或者说“动起来”的专利才是有用的，才是有价值的。不过对于很多人来讲，专利运营实施难度比较大，研究也相对较少（本次年会上知识产权出版社“i智库”的《中国专利运营状况研究报告》可以说进行了很好的尝试），相关的政策法规也不是非常明朗，所以即使到现在，专利运营还是显得非常“神秘”。

如果说中国专利信息年会是再次将“专利运营”的实施、研究和应用等方面的讨论推向了高潮；那么刚刚通过修改决定的《中华人民共和国促进科技成果转化法》（以下称《促进科技成果转化法》）则从国家法律政策的角度，为专利运营提供了更广泛的生存空间。

2015年8月29日，第十二届全国人大第十六次会议高票通过了新的《促进科技成果转化法》。这次修订案遵循的主要原则是充分反映实施创新驱动发展战略对科技成果转化的新要求，准确把握科学技术发展规律和社会主义市场经济规律。更值得我们IP人关注的是，这次修订过程中充分考虑了同专利法等之间的衔接。

首先，该法的增加和修改的部分都对我国过去技术转移、成果转化提出了有针对性的办法和举措。最为重要的部分是"第四章 技术权益"，其中第四十三条提出的"国家设立的研究开发机构、高等院校转化科技成果所获得的收入全部留归本单位，在对完成、转化职务科技成果做出重要贡献的人员给予奖励和报酬后，主要用于科学技术研究开发与成果转化等相关工作。"该法与拜杜法案具有异曲同工的作用。第四十五条关于"完成、转化职务科技成果做出重要贡献的人员给予奖励和报酬"比例的提高也将有效刺激第一线的科研人员、科技成果转化人员的工作热情。

其次，新的科技成果转化法明确强调了知识产权的作用和要求。第十条、第十一条、第二十六条、第三十五条都提到了知识产权，囊括了知识产权对于科技成果转化的各个方面，包括科研实体机构应有效加强知识产权管理能力和水平，强调了知识产权信息对于科技研发的关键作用，提出了科技成果转化过程中知识产权重要的法律意义，确定了知识产权质押融资的保障措施。除此之外，知识产权对于技术转移的媒介作用也不得不提。考虑到专利信息的法律性与清晰完整的要求，很多国外研究开放式创新的专家学者将专利作为技术转移中不可缺少的重要环节。另外，作为重要的战略情报，专利信息在开发式创新生态系统中将越来越多地承担寻找合作伙伴的作用。这一点在《烧掉舰船》一书中有了非常翔实的描绘。

第三，新的《促进科技成果转化法》一方面进一步明确了科技成果转化队伍的建设，尤其强调了高校、科研机构的技术转移机构的作用；另一方面，也同样突出了技术交易市场的作用与规范要求。可以预见在不久的将来会出现一批承担这种工作的服务机构。就美国高校技术转移办公室的经验而言，知识产权管理以及对专利信息的利用尤为关键。当然，大学文化与技术发明商业化之间的冲突、商业秘密的保护、专利授权谈判与合作模式都影响着高校与科研机构的技术转移的效率。现在也有不少成功案例可供借鉴，例如美国的哈佛大学、斯坦福大学，英国的牛津大学，我国的清华大学、浙江大学，都有一些成功的案例。相信这次修改可以令我国的技术创新迎来新一轮的大发展。

总之，这一版本的促进科技成果转化法将给专利人乃至产业界、科技界、教育界都带来新的机遇和挑战，政产学研相结合的新模式将进一步清晰化、明朗化。科技成果的有效转化或者说专利运营不仅需要专利法律、专利信息检索分析、市场经济情报分析等基本技能，更需要参与者有足够的创造力，对未知事物满怀好奇心，勇于尝试等素质。

最后想提到的一点是，在思考《促进科技成果转化法》的时候，就不得不提到美国的拜杜法案。它是美国1980年通过的一项专利法修正案，核心内容就是将高校、科研机构、小微企业利用政府资助的科技研发项目的发明专利所有权归这些研究机构所有，而非政府机构所有。这一点有效地解决了政府机构在发明技术转移方面效率低下的问题，激发了这些科研机构的技术创新热情。可以从美国高校经理人协会（AUTM）的数据很明显地看到，法案出台后，美国专利申请量惊人地增长便是最好的证明。《经济学人》杂志也在2002年将拜杜法案比作“创新的金鹅”。不知道我们国家的“创新的金鹅”何时也能生出金灿灿的鹅蛋来。

第七章

从专利到财富

随着中国成为全球专利申请的第一大国，如何将巨大的专利存量转化为现金价值，如何通过合理的专利运营方式将专利价值最大化，是近几年来知识产权业界的一大热点。从专利到财富，到底还有多远的路要走？中国专利运营的未来又在哪里？

第一节　为什么专利运营这么难？

2015年5月11日

最近几年，知识产权界讨论最多的莫过于专利运营了。百度指数显示，2015年“专利运营”一词较2014年的日均检索量翻了一倍多。而顺应国家出台的一系列科技、金融、创新、知识产权的政策，各地也涌现出一批专利（知识产权）运营、技术转让平台等，好不热闹！

但是仔细研究，专利运营并不像其他有形资产那么容易。尽管我国的专利申请量以及授权量都有了飞速地增长，中国也已经连续多年成为世界上申请专利最多的国家，然而专利制度作为促进创新、推动社会经济发展、提升国家以及企业的竞争实力的利器，似乎在这一两年走到了一个十字路口。

而从企业角度来看，虽然以追逐利润为自己最终目标的企业没有哪家会让自己的资产躺在那睡大觉。但是，专利技术交易、转让、许可、质押融资等活动对我国大多数企业来说还比较陌生的。

事实上，即使是在欧美发达国家，专利运营也是比较困难的。美国有一些高校通过专利许可获得大笔收入的成功案例，例如维生素D以及谷歌搜索引擎专利许可。但是，这种成功案例在美国高校范围为仍然非常少。那么为什么专利运营会这么难？

首先，专利的先申请制导致了很多企业为了尽早地获得专利，会在技术研发的早期就提交申请。这个阶段的专利技术虽然可能具备专利性，例如新颖性、创造性、实用性、充分公开等条件，但却存在大量的市场风险。也就是说，这个时期的专利交易无论是对发明方还是投资方都是非常困难的。另外，成功的专利交易案例一定不会仅限于专利说明书中记载的方案。大量的实验数据、Know-How、市场数据等都对该项技术能够获得市场成功产生影响，都是交易合同的重要组成部分。专利交易技术周边的知识、技术、数据往往都是作为商业秘密存在，交易方都为了保障自己的核心竞争优势，尽量保护好自己的商业秘密。信任和法律技巧都给专利交易团队带来了非常大的挑战，这也为专利技术的运营带来困难。

其次，专利技术诉讼风险的大小也直接影响着专利运营的成败。专利权利要求书规定了专利技术的法律范围，因此权利要求的撰写质量很大程度影响着专利技术实施以及运营的成败。一个范围较小的专利技术，存在被竞争对手绕过设计的风险；而一个范围较大的专利技术则存在着被竞争对手无效掉的风险。因此，评价专利技术的法律范围和诉讼风险是投资方必须要关注的问题，对于大部分企业和投资方来说都不是件容易的事。

第三，专利交易的市场还不成熟，愿意参与技术交易的企业非常少，大家宁可自己招人甚至挖人研发技术，也不愿采用转让许可的方式。这也许是因为大多数企业经营者都是技术或者商科背景，对法律领域事务不了解，甚至带一点畏惧心理，尤其是那些创业型的微小企业。少量的专利交易市场参与者会使得专利本身的价值无法用市场方法进行评估（专利价值评估的市场方法最主要的约束条件之一就是良好的市场结构，即足够多的技术买卖方），这也使得专利运营的效率很难得到提高。

最后，我国在产业界尚未形成影响力足够大的专利运营执业者联盟。这主要是由于专利运营本身在我国方兴未艾，并且也跟我国企业专利技术交易运营的意识有直接的关系。这种非官方的专利从业者网络的建设对于分享信息、知识与经验，增强协同合作，形成良好的市场规范和秩序起着非常良好的作用。在欧美发达国家，知识产权从业者从来不会总是等着政府，他们也是整个创新生态系统中的重要推动力量，例如技术转移从业者联盟 ATTP、美国高校技术管理者联盟 AUTM 等。

2001 年，中国正式加入了世界贸易组织，这标志着中国经济融入全球化的进程将进一步提速，同时也表明中国企业要以一种全新的玩法来参与如今的商业环境，那就是知识产权。

专利作为促进创新和经济发展的重要制度之一，将在 21 世纪扮演越来越重要的作用。虽然其本质是用信息公开换取有限期的垄断，即法律意义上的排他权。但其资产和经济的属性也在逐渐呈现出来。企业如果能够抓住这个时代机遇，更加聪明、灵活的运用这个游戏规则，就会在市场上占尽先机，正视专利运营的困难和问题也许是企业迈向这条路的第一步！

第二节　发展中的中国专利运营

2017年7月5日

随着中国成为全球专利申请的第一大国，如何将巨大的专利储存量转换为现金流，如何通过合理的专利运营释放专利价值，真正提升产业和企业竞争力，已经成为目前知识产权业界的一大热点。

中国专利运营现状

根据第三方数据显示，如图8所示，2009年以来，中国专利运营无论从次数还是件数来说，都呈现出稳步增长的态势。2013年运营次数、件数双双突破10万；进入到2015年以后，知识产权运营得到政府、企业、高校、科研院所、知识产权服务机构前所未有的关注；而“建设知识产权强国”的目标也明确提出：在知识产权数量增加的基础上，必须花更多力量提升知识产权质量，特别是通过知识产权运营，尽可能发挥其最大的资产价值,增强国家、区域、产业、企业竞争力,创造经济社会效益,为经济转型升级提供新的动力。

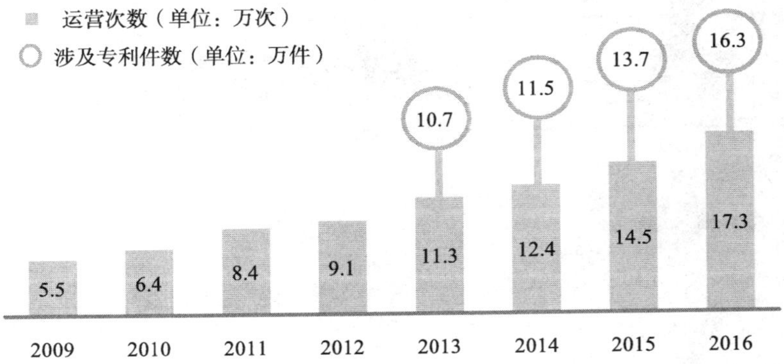

图8　中国专利运营次数及涉及专利件数变化趋势(2009-2016)

数据来源:知识产权出版社i智库《2016年中国专利运营状况研究报告》,法律状态公告日截止到2016年12月31日。

从三种主要专利运营类型来看,2016年专利转让依然占主导地位,全年转让次数超过15万,占比接近90%,涉及专利14.7万件;专利质押和专利许可,次数分别是10900次和7133次,涉及专利分别为10744件和6631件。

与2015年相比,专利转让活动增速迅猛,次数同比上涨了32.5%,高出整体运营次数增幅十几个百分点。与之相对的,专利许可降幅明显,无论是许可次数和涉及专利件数,相对于2015年都出现了大幅回落,尽管这一情况在2015年的时候也有,但是50%以上的降幅值得进一步关注,究其原因造成这一状况的因素可以归纳为以下几点:

（1）目前中国并未施行专利实施许可强制备案制度，出于商业保护等目的，部分专利实施许可合同并未在国家知识产权局进行备案，使得公众无法对这部分专利实施许可活动进行查询。

（2）高新技术企业认定取消了独占许可的知识产权认定这项内容，2016年颁布的《高新技术企业认定管理工作指引》中指出"高新技术企业认定所指的知识产权须在中国境内授权或审批审定，并在中国法律的有效保护期内。知识产权权属人应为申请企业。"不同于2008年颁布的《高新技术企业认定管理工作指引》中"在中国（不含香港、澳门、台湾地区）注册的企业，近三年内通过自主研发、受让、受赠、并购等方式，或通过5年以上的独占许可方式，对其主要产品（服务）的核心技术拥有自主知识产权"。2016年颁布的《高新技术企业认定管理工作指引》中取消了"通过5年以上的独占许可方式"，因此部分待认定的高新技术企业不再采取通过独占许可获取使用权的方式，这也是专利实施许可次数减少的原因之一。

从2016年中国专利运营涉及专利的原始申请地来看，国内（不含香港、澳门、台湾地区）专利占到82.5%：其中广东、浙江、江苏地区专利最为活跃，三地区专利占到全年国内运营专利近50%的份额，尤其是广东比去年的运营活动又有进一步提升，如图9所示。

国外来华专利占到全年运营专利的16.4%：日本表现突出，超过美国成为最活跃的国外来华专利运营阵营；其次是美国、芬兰、德国、韩国。日本、美国、芬兰三国申请人的专利占到2016年全年国外来华运营专利70%的份额。涉及运营专利件数超过1000件以上的国家也增加到了5个（不含中国）。

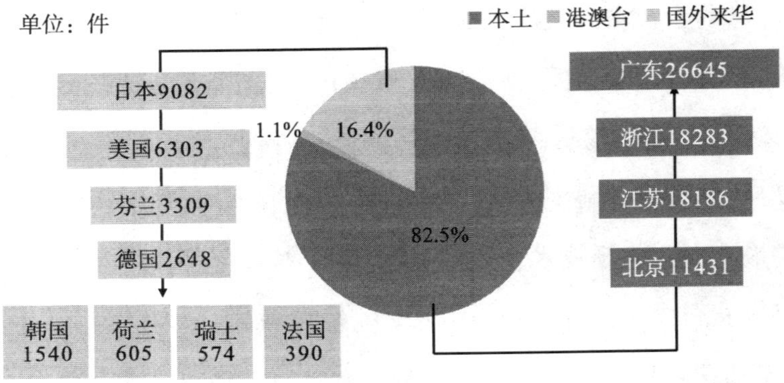

图9　2016年中国专利运营涉及专利申请来源地区分布

数据来源：知识产权出版社i智库《2016年中国专利运营状况研究报告》，法律状态公告日为2016年1月1日至2016年12月31日。

从2016年中国专利运营涉及的技术领域来看，涉及电数字数据处理（G06F）相关的专利最多，达到4557件，占比为2.8%。从TOP10技术领域分布来看，2015年表现活跃的计算机、通信等“专利优势领域”依然是专利运营较为活跃的主要领域，但2016年医疗、环保相关领域也值得关注，这与目前国内产业发展导向关系密切（见表4）。

表4　2016年中国专利运营涉及专利IPC分布TOP10

排名	IPC	IPC解释	运营涉及专利件数
1	G06F	电数字数据处理	4557
2	A61K	医用、牙科用或梳妆用的配制品	3918
3	H04L	数字信息的传输，例如电报通信	3115
4	A61B	诊断；外科；鉴定	3036
5	H01L	半导体器件；其他类目中不包括的电固体器件	3032

续表

排名	IPC	IPC解释	运营涉及专利件数
6	B01D	分离	2469
7	G01N	借助于测定材料的化学或物理性质来测试或分析材料	2348
8	H04N	图像通信，如电视	2334
9	C02F	水、废水、污水或污泥的处理	2176
10	H01M	用于直接转变化学能为电能的方法或装置，例如电池组	2111

数据来源：知识产权出版社i智库《2016年中国专利运营状况研究报告》，法律状态公告日为2016年1月1日至2016年12月31日。

中国专利运营特点

1．政府引导下的中国专利运营工作发展迅速

2015年12月9日，国务院常务会议要求以改革的方式加快建设知识产权强国，关键举措之一就是建设知识产权信息和运营交易服务平台。国家层面，国家知识产权局同财政部以市场化方式开展知识产权运营服务试点，确立了在北京建设全国知识产权运营公共服务平台，在西安、珠海建设两大特色试点平台，并通过股权投资重点扶持20家知识产权运营机构，示范带动全国知识产权运营服务机构快速发展，初步形成了“1+2+20+n”的知识产权运营服务体系。通过政府与市场的良性互动，将有力地带动区域经济发展，为“大众创业、万众创新”提供有力支撑。

在国家宏观政策的引导和相关政府部门的推动下，各类知识产权运营基金纷纷涌现。如睿创专利运营基金，国知智慧知识产权股权基

金，北京市重点产业知识产权运营基金以及四川、广东等地也陆续成立了知识产权运营基金。据不完全统计，截至2015年底，各地以“知识产权运营”为切入点的基金已经超过10个。另一方面，从运营机构来看，以“专利运营”“知识产权运营”“知识产权交易”“知识产权投资”“专利投资”等主要关键词进行检索，截至2015年12月31日在中国工商总局注册的相关企业机构已经超过150家。

总体来看，在政府的积极引导下，尤其是2015年以来，我国的各类运营平台、基金和机构集中发力，知识产权运营工作开展的如火如荼。

2. 中国知识产权优势企业开始向国外知名公司许可专利

随着中国本土企业在知识产权（专利）上的进一步发展，无论从知识产权意识，还是从专利申请的数量和质量上，都有了大幅的提升，尤其是中兴、华为这样的知识产权优势企业，经过多年的积累已经形成了一大批即使在国际竞争环境下也颇具分量的专利池，其中还有一定数量的标准必要专利——这些都为其后的专利运营工作奠定了良好的基础。根据国家知识产权局2015年10月21日公布的许可备案登记信息，华为公司向苹果公司许可专利805件，苹果公司向华为许可专利49件。根据双方的许可专利数量以及市场规模，可以看到华为公司已经开始向苹果公司收取专利许可费。

而从双方许可专利来源来看：华为公司许可给苹果公司的805件发明专利中，781件是华为公司通过自主研发所申请的专利，24件是从夏普株式会社购买的专利。而在苹果公司许可给华为公司的49件发明专利中，原申请人为北电网络有限公司的有23件，原申请人为飞思卡尔半导体公司的有2件，仅有24件为苹果公司申请，如图10所示。

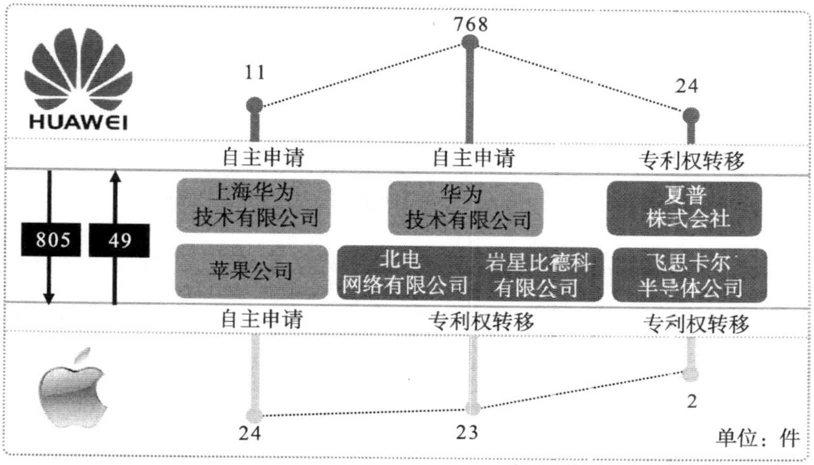

图10　华为公司与苹果公司之间许可专利来源分析

注：许可数据来源是基于已在国家知识产权局备案且由国家知识产权局公布的数据进行统计，但由于实践中专利实施许可合同并非强制向国家知识产权局备案，故上述数据统计并不能完全涵盖实际情况。

3. 国外大型企业通过建立知识产权运营实体“整理”中国地区专利

除了国内企业在专利运营方面开始觉醒外，很多大型国外企业在专利运营商也出现了新动向。尤其是2015年以来，包括微软、松下等在内的众多专利大鳄开始尝试成立内部专门负责管理、维护及运用专利等知识产权的知识产权公司，通过转让的形式将集团专利集中到这些公司手中，对中国专利的“管理”也悄然进行。

例如，微软公司在2015年在中国将其5000余件专利转让给微软技术许可有限责任公司，后者成立于2014年，专门从事知识产权运营；松下电器产业株式会社在2015年则转让1000多件专利给松下知识产权经营株式会社，后者成立于2014年，专门负责知识产权管理、维护及运营；拜耳作物科学股份公司将部分中国专利转让给拜耳知识产权有限责任公司，后者成立于2012年，集中管理拜耳集团所有专利和商标等知识产权。

可以预见，下一步这些大型外国企业将通过这些专门成立的知识产权实体公司，将专利在内的知识产权工作剥离出来，集中管理，一方面依然可以兼顾以往与公司技术研发的协作性，同时也能更好地将知识产权作为特殊的流动资产进行进一步的运营和利用，从而创造更大的价值。这一思路值得中国企业的思考和借鉴。

4. 中国专利质权人更加多样化，城市及农村商业银行作用日益明显

从近几年来中国专利权质押质权人类型分布来看，尽管银行作为首选的专利权质押融资直接对接方，在占比上依然是主导（如2016年中国专利权质押质权人类型分布中，银行占63.7%），但包括担保机构、非银行金融机构、企业、甚至个人都应在专利质权人类型中有了一定的体现，资金来源也更加丰富。

值得一提是，2015年开始，城市及农村商业银行取代国有商业银行成为开展专利权质押贷款业务最多的银行类型。2016年，城市及农村商业银行参与专利权质押次数达到3217次，占全年质押总数的29.5%，占银行类型质押总数的46.3%，其中北京银行股份有限公司（290次）、武汉农村商业银行股份有限公司（234次）和重庆三峡银行股份有限公司（136次）的质押次数居前三位，如图11所示。

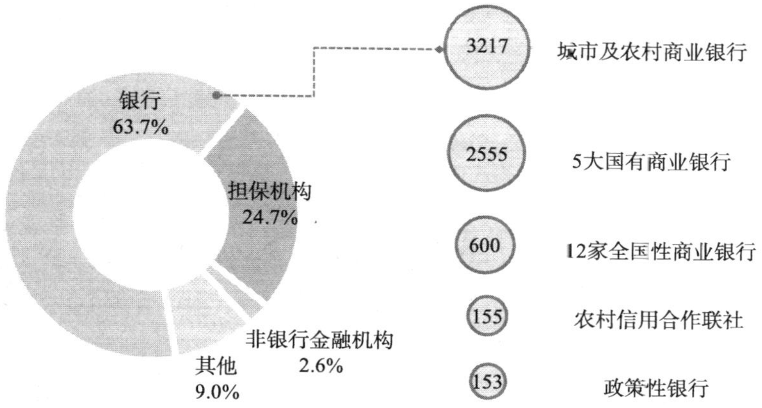

图11　2016年我国专利质押质权人类型分布

数据来源:知识产权出版社i智库《2016年中国专利运营状况研究报告》,法律状态公告日为2016年1月1日至2016年12月31日。

第三节 中国专利运营提能增效之路

2017年7月20日

尽管我国专利运营在近几年显示出较强的增长势头，但总体来看，其发展水平与社会实际需求仍存在较大差距，专利价值尚未得到充分实现。如何进一步提升专利运营能力和效益？笔者认为可以关注以下几个方面。

知识产权保护力度进一步加强，法制建设提上日程

我国实行了严格的知识产权保护，保障知识产权价值实现，加大知识产权侵权行为的惩治力度，提高知识产权法定赔偿上限，加大知识产权犯罪打击力度，建立健全知识产权保护预警防范机制。这几方面在最近几年已有了明显改善，如在2013年中南财经政法大学知识产权研究中心发布的《知识产权司法侵权赔偿研究报告（2008—2013）》显示：97.25%的专利判决都采取了法定赔偿的方式，而法定赔偿的平均赔偿

额只有8万元；而在2017年北京知产宝科技发展有限公司发布的《中国专利侵权损害赔偿司法数据分析报告(2013—2016)》，其数据显示：北京知识产权法院发明专利侵权判赔额的中位值已达到了62.8万元；尽管这一数据与其他发达国家仍然有一定的差距：如普华永道在2014年公布的一份美国专利诉讼研究报告中表明，1995—2013年美国专利侵权判赔平均数额为550万美元，其中电信行业、生物技术与制药行业、医疗设备行业平均判赔数额最高，分别为2230万美元、1980万美元和1590万美元，但是这几年的变化已经让专利界看到了希望，专利的价值也被进一步发掘。

另外值得一提的是2016年11月4日中共中央、国务院发布了《关于完善产权保护制度依法保护产权的意见》，在第九条明确提出"加大知识产权侵权行为惩治力度，提高知识产权侵权法定赔偿上限，探索建立对专利权、著作权等知识产权侵权惩罚性赔偿制度，对情节严重的恶意侵权行为实施惩罚性赔偿，并由侵权人承担权利人为制止侵权行为所支付的合理开支，提高知识产权侵权成本。"相信在不久的将来，我国的知识产权侵权惩罚性赔偿制度会进一步落实到相关法律中，使知识产权权利人在司法保护中得到更加强有力的保护，为专利真正转化为财富提供法律支持。

企业知识产权运营能力需进一步提升

专利作为无形资产已经成为现代企业重要的资产组成部分，也是企业的核心竞争力体现。企业专利形成后，为发挥其资产价值、获取应有的经济效益，开展的有组织、有计划、方式多样的专利运作与经营逐步成为一种必要。但是，目前企业会计制度尚未将专利作为资产来核算，专利资产流通缺乏文化和制度环境；此外专利信息服务人才缺乏，导致专利运营的成本高、风险大。

2014年4月深圳市市场监督管理局曾经发布过一份关于《企业专利运营指南》标准化指导性技术文件（SZDB/Z102-2014），其中包括监控产业和对手的最新专利动态，适时了解业界的专利诉讼、转让许可和专利联盟的最新进展，进行风险防范；对专利运营专案的管理，包括诉讼专案、许可专案、转让专案、投融资专案、加入标准或专利联盟专案等。但这些要求对于目前中国的绝大多数企业而言，无论从人员配置还是从管理水平上来说实现的难度都非常大，即使一些行业相对知名的企业（尤其是非生产型企业），尽管公司高管或知识产权高管非常关注专利运营工作，但是具体的研发或业务人员一方面疲于应付手头工作，另一方面对于专利价值没有相对深刻的理解，所以很难进行深度的专利挖掘和分析，导致专利运营工作进展缓慢。

因此，增强企业知识产权运营意识，推动企业加强知识产权运营管理，完善相关管理制度。借鉴发达国家企业知识产权运营经验，鼓励企业建立专门的知识产权运营机构或实体公司，负责知识产权的管理、运营及维护工作，更好地整合知识产权资源，为企业创造更大的价值。

知识产权交易平台建设加速进行

构建知识产权运营服务体系，加快建设全国知识产权运营公共服务平台，加强对知识产权交易运营业务的指导和行业管理，推动建立基础统一的知识产权质押登记平台。创新知识产权投融资产品，探索知识产权证券化和信托业务，完善知识产权信用担保机制，推动发展投贷联动、投保联动、投债联动等新模式。

第四节　牵线人——专利运营中介机构

2016年9月23日

专利运营中介机构是专利运营的中坚力量。专利运营中介机构包括运营专业组织、运营服务平台（如各种专业性和综合性交易市场、网站）、运营服务机构（如技术经纪机构、无形资产评估机构、专利质押抵押服务机构等），专利运营作为一种高智力的知识密集型服务，专业的服务能力和适当的商业模式是立足市场的关键，也是其价值的体现。在专利的价值越来越得到高度关注的情形下，国内外出现了各种类型的专业化运营机构，体现了专业化分工的高效率。

专利运营中介机构经营模式百花齐放，国外机构觊觎国内市场

知识产权出版社《2015年中国专利运营状况研究报告》显示：截至2015年12月31日，在中国工商总局注册的以“专利运营”“知识产权运

营”“知识产权交易”“知识产权投资”“专利投资”等为名称的相关企业机构已经超过150家。目前我国的专利运营中介机构的经营主体存在多样性，总体而言可分为完全商业化运作的民营中介机构，如智谷公司、七星天等；也有如政府、大学或是科研院所等所属的中介机构牵头的半官方性质的机构，如各地的运营平台及正在搭建的全国知识产权运营服务平台等。

由于经营主体和模式的差异，一般商业性的中介机构自身或许也会产出一些专利成果，如《2015年中国专利运营状况研究报告》显示：智谷公司截至2015年12月31日，公开（公告）的856件专利中，有422件都是自行申请的，另外434件是通过转让获得的。因此，这些公司对于专利信息检索和分析服务，专利转让、评估、投融资服务，专利代理、诉讼服务，专利培训和咨询服务等需求都是存在的，可以说几乎与一个正常公司的区别不大。

而对于政府牵头的半官方非营利性质的专利运营中介机构而言，则主要是通过政府立法、政策导向等，搭建平台来推动、引导科技中介业关注科研机构和企业的技术创新，这类中介服务在技术成果与市场之间架起桥梁，沟通政府与创新主体、应用主体的联系。因此，它们对于信息服务的需求更多来自于政府政策公开、培训推广、导航试点等。比如，目前国家知识产权局设立的专利运营试点企业、专利评议联盟、专利导航工程、专利运营资助政策等。

另外值得关注的一点是，以高智公司为代表的国外专利运营中介机构也纷纷进入了中国市场，它们经过多年经营，无论从管理方式、经营模式还是人员机构上说，都比国内尚处于起步阶段的专利运营中介机构要成熟得多,如何应对他们的竞争也是国内运营中介机构需要考虑的重要问题之一。

专利运营中介机构服务中专利信息服务占比较大,“高大上”内容相对缺乏

目前,我国专利运营中介机构充当的大部分还是一个中立的服务者角色。如大专院校、科研院所负责研发专利后,托管或者授权代理到中介服务机构,由中介服务机构向企业展示,企业再通过中介来购买专利或者是企业需要某项内容专利,通过中介服务机构委托研发,中介服务机构寻找大专院校、科研院所代其开发;除此之外,企业有时也会委托中介服务机构进行信息咨询,如确定企业专利战略定位,为分析某项专利的可研发性而委托中介服务机构进行专利检索,对于企业的专利价值评估等。而大专院校、科研院所也通过中介服务机构获得专利市场需求报告,从而改进研发方向,提高专利成果转化率。

从专利运营中介机构经营模式来看,专利信息服务在它们的具体工作中所占比重还是非常大的。而对于其他国内中小型中介服务机构而言,它们的业务范围狭窄,服务种类单一,主要还是集中于专利申请环节服务,并未形成系统的以专利产业化或者专利转让实施等实用性服务为主要业务的中介服务,进而进行专利价值评估、专利交易中的尽职调查、专利技术许可转让交易、专利市场化信息咨询等相关高端中介服务。另外,作为一项无形资产,专利在实际应用过程中,需要专业而权威的服务机构对专利市场进行评估,并对专利价值进行评估,而目前

我国虽然已经成立了一些能够提供此类服务的知识产权中介机构，但总体上此类中介服务机构较少，同时缺乏相应的标准及流程规范约束、中介费用较难确定，市场认可度不高，中介服务难以满足庞大的专利市场需求，难以维持整个专利运营的服务链。

专利运营过程中会遇到海量的专利信息、多种语言专利文献、繁杂的运营流程、晦涩的法律知识，专利运营业务的高效开展依赖于高端的专利信息服务。但是，我国专利信息服务业整体产业规模较小，技术力量较弱，产品档次较低。绝大多数的专利信息服务工作，都是以基础性专利信息资源为基础来开展的，如专利撰写、专利申请、专利侵权诉讼、专利分析等。

除了专利代理、检索分析等传统业务以外，越来越多的知识产权代理公司已逐步将知识产权交易作为业务拓展的一个新的方面。目前国内知识产权代理公司从事的专利交易业务基本类似，主要包括专利许可与技术转让，为技术贸易提供技术、法律、贸易方面的咨询服务，配合公司资本运作，设计专利作价、入股转让、许可方案，进行无形资产评估，撰写技术转让和知识产权许可合同，并参加合同谈判。

专利运营中介机构数量与日俱增，数据资源种类及内容相对匮乏

尽管目前国内外专利运营中介机构发展并不均衡，良莠不齐，经营模式也不尽相同，但是他们的共同点就是：对于专利数据资源获取的迫切性。所谓“巧妇难为无米之炊”，要进行专利运营首先需要对专利相

关的技术、法律、市场信息等整体情况有一个充分的了解，包括专利资产的权利人及实施企业基本情况，专利证书、最近一期的专利缴费凭证、专利登记簿副本，专利权利要求书、专利说明书及其附图，专利技术的研发历史、技术实验报告，专利资产所属技术领域的发展状况、技术水平、技术成熟度、同类技术竞争状况、技术更新速度，收集技术产品检测报告，产品的适用范围、专利产品市场需求、发展前景及经济寿命、与专利产品相关行业政策及发展状况、本行业技术和产品的竞争状况，特殊行业所需要的行业准入证明，专利资产的获利能力，可能影响专利资产价值的宏观经济前景和以往的评估和交易情况，包括专利权转让合同、实施许可合同以及其他交易情况等的资料，可以说专利信息是各类中介机构赖以生存的“粮草”。除此之外，还有法律领域的复审无效数据、法律诉讼数据、行政执法数据等；经济领域的专利质押融资数据、专利转让许可数据、企业工商登记数据、营业收入数据、投融资数据、税收数据、IPO数据、海关统计数据等；相关的专利法律法规、政策。但在现有的检索系统中以上数据、法律法规、政策存在缺失、不规范、查询不便等问题，导致基于专利信息的专利价值评估、专利运营工作难以开展。

在我国现阶段，上述信息分散在国家知识产权局、法院、工商等多个部门，对于一个机构而言，获取的成本和难度都非常的高。目前，政府对于现有国家专利信息，尤其是专利运营信息进行规范化的梳理和公开很多地方还做得不到位，如专利申请涉及的原始文档及过程记录、专利检索分析、评估与预测研究等报告、有关专利复审、无效、诉讼等法律文件、与专利运营相关的法律状态信息、合同协议，包括主要国家和地区的专利全文及其法律状态和专利申请案卷、专利运营相关的其他知识产权数据、文献、法规、政策等信息还存在一些错误和遗漏，这对专利运营其他主体专利运营活动的展开会造成较大的障碍。尤其是在目前专利数据开放的大环境下，掌握国内外专利发展的最新动态，以制定相关政策和措施激励和引导本国、本地区专利运营活动，保护本国、本地区创新成果，进而提高本国、本地区科技竞争力并在国际经济和社会活动中保护本国知识产权合法利益显得更加重要。如果不加强自身“专利信息”的锤炼，将会在更大的专利运营市场竞争中处于下风。

说点其他

斯坦福怎么“玩”专利?

2015年2月5日

一提到美国高校,想必哈佛、麻省理工、斯坦福这些名字便会纷纷涌到眼前。这里不仅涌现出了一代又一代杰出人才以及推动人类文明发展的科学发现与发明创造,这里更是孕育美国创新精神以及创业公司的沃土,如Microsoft、Google、Apple、Facebook等。

今天我们主要谈的是斯坦福大学,看看它是怎么管理自己的发明的。据权威机构统计,在最近的40多年时间里,斯坦福大学创造了将近10000件技术披露disclosure(注:这里没有用专利的原因是在美国专利法中一直存在一个一年“优惠期”的规定。很多发明技术在申请专利之前往往就已经披露出来了,甚至专利技术产品都已经投入市场,所以在很多美国关于技术发明的统计数据中采用了技术披露这样一个概念)。

机制

斯坦福大学在1970年就已经成立了技术许可办公室(Office of Technology Licensing, OLT)。通过专门机构的设置以及相关的政策规定,斯坦福大学为发明者们提供了一整套将一个实验室中简单想法转化为服务与社会大众产品的机制(From Bench To Bedside)。

从发明技术许可中所获得的收益(斯坦福大学技术许可办公室在2013一年收入就是8700万美元)又反过来支持研究,使得整个创新体系良性循环起来。

这套促进技术转移的体系实实在在地发挥着作用,在1970年,斯坦福大学的技术披露只有28件,其中只有3件进行了技术许可;而在2013年,已达到502件,累计达到9897件,技术许可在这一年则多达103件。难怪在2010年,OTL就已经有了35名员工,并且在工作人员素质方面,他们具有一定的法律知识、技术知识、营销管理能力,工作分工流程也显得非常合理高效。

当然,在推动技术转移上,赫赫有名的拜杜法案(Bayh-Dole Act)也起到了一定的推动作用。83%的研究资助来源于美国政府,而拜杜法案恰恰在发明所有权上为大学和发明者解除了后顾之忧。不愧被经济学人杂志评为“美国国会在过去半个世纪中通过的最具鼓舞力的法案”。

网站

另外值得一提是斯坦福大学技术许可办公室的网站(OTL)。他们面向发明者以及企业经营者都有针对性的入口,资料丰富,结构清晰,信息非常容易查找。尤其是在网站上有一个TechFinder的入口，这是用来帮助企业经营者方便地寻找到合适的技术，界面也是极为简单实用。对于技术转移来说，最为核心的也就在于此，即为发明者和企业经营者建立沟通的桥梁。

在展示检索到的技术信息时，网页上显示了斯坦福发明识别号、摘要、相关技术、用途、技术优势、相关科技期刊、相关信息网站链接、发明人及其发明列表、专利申请（授权）号、发布日期、联系方式、相关关键词等内容。笔者也看过国内很多技术交易平台、知识产权交易平台，虽然内容更加丰富，但似乎没有抓住技术内容展示的核心要素。因此，斯坦福大学OTL的网页也为我们建设类似平台提供了一定的参考。另外，通过浏览OTL的网站还能深入地了解知识产权管理的一些关键点。

虽然美国在知识产权管理方面非常先进，但是直接采用“拿来主义”却不可取。中国高校、企业的管理者们应当学习并借鉴、深度分析其优劣势以及约束与条件才能做出正确的决策。在我国专利申请以及专利授权量飞速增长的今天，如何真正把这些技术用起来，如何发挥其最大的商业价值，如何让它们造福中国人民，才是专利圈里每一个人需要考虑的问题。

第八章

蹭热点

最近几年科技领域的很多热点都绕不开专利和知识产权，最后一章我们就从2012年以来，通信、互联网、医药、软件等领域的巨头们发生的与专利有关系的事件入手，看看蹭上“专利”这个热点后，发酵出哪些意想不到的结果。

第一节　中兴专利诉讼与运营

2012年6月18日

从刚刚公布的《2011年中兴年报》看出，“知识产权风险”第一次出现在中兴财报中。报告中提到，中兴集团一直注重产品技术研发和知识产权管理，每年本集团在科研开发上的投入均保持在销售收入的10%左右，目前已建有3万人以上的研发队伍。虽然本集团已采取严格的知识产权保护措施，仍不能排除与其他电信设备厂商、专利许可公司以及与本集团存在合作关系的运营商之间的知识产权摩擦。

这与2011年中兴遭受的几次专利诉讼有着密切联系。在全球通信市场竞争加剧的背景下，几大通信设备商的专利诉讼必然出现增加的趋势。不过通信行业作为专利战频发的核心地带，行业内普遍都比较重视专利布局，在不断强化各自专利持有量的情况下，一般多会以和解结束。

所谓专利交叉许可，也就是通常所说的专利实施交叉许可，是指不同的专利拥有者，互相许可对方实施自己所拥有的专利而形成的一种法律关系。一般来说,实施他人的专利,需要获得他人许可并支付一定的费用。但在专利交叉许可中,双方可以按照互通有无、互利互惠的原则进行友好协商,互相使用对方专利而无须支付费用或支付较少的费用。

但是,由于通信业具有技术与专利双密集的行业特性,大多数专利属于你中有我,我中有你,较难厘清某个专利的真正归属,而如果专利战双方均握有相当数量的专利,那么诉讼将变成持久战,所以往往大公司之间的专利诉讼以交叉许可收尾。

中兴、爱立信诉讼案——争夺话语权

2011年4月爱立信在中兴通讯(简称中兴)的欧洲手机销售重镇——德国、英国和意大利分别起诉中兴通讯侵犯其数项专利权,如图12所示。而中兴也在第一时间决定在中国对爱立信提出反诉。今年2月双方终于握手言和,同意相互撤销针对对方的所有专利侵权诉讼。这一诉讼案引起业内的巨大震动。

从中兴爱立信诉讼案中,可以看出:由于中兴已经积累了一定的专利资产,不仅在中国具有非常鲜明的价值优势,并已经在海外市场进行一定的专利布局。这样类型的专利诉讼案,更大程度上的意义不在于专利费的获取,而是市场话语权的争夺。

2011年4月1日 爱立信宣战

爱立信正式宣布在英国、意大利和德国对中兴通讯提起侵权诉讼，爱立信首席知识产权官卡希姆·阿法拉赫表示，中兴通讯侵犯了爱立信涉及2G和3G（即GSM和WCDMA）的一部分专利。

2011年4月1日，爱立信向罗马法院申请提起针对中兴意大利子公司ZTE Italy S.R.L.的临时禁令程序。

2011年4月6日，法院驳回了该请求并责令爱立信向意大利中兴送达请求书，该请求书于2011年4月28日送达至意大利中兴。

2012年5—6月，意大利中兴向法院提交了答辩状，并请求法院驳回原告的诉讼请求。

2011年7月8日，罗马法院正式裁决驳回了爱立信对意大利中兴的禁令和查扣申请，并裁决爱立信赔偿意大利中兴的律师费。

2011年8月8日，爱立信向意大利中兴送达上诉状。

2011年9月3日，罗马法院正式作出裁决，驳回爱立信的上诉，裁决爱立信支付本案的相关程序性费用，该裁决为爱立信与意大利中兴临时禁令程序一案的最终生效裁决。

2011年4月，爱立信起诉中兴全资子公司ZTE（UK）LIMITED数款手机产品侵犯其技术专利，要求英国中兴停止侵权并赔偿损失，但爱立信并未在诉状中提出具体求偿金额。

2011年6月20日，英国中兴提交答辩状。

2011年7月27日，英国当地法院下发了诉讼程序时间表，确定将于2012年6月开庭审理。

2011年4月14日及2011年5月23日爱立信分别在德国杜塞尔多夫地区法院和曼海姆地区法院提起对中兴全资子公司ZTE Deutschland GmbH侵犯其技术专利的起诉。

要求德国中兴停止侵权并赔偿损失，当地法院预估本案的争议标的额分别为1080万欧元和227.5万欧元。

2012年1月20日

爱立信发布公告称，爱立信和中兴已就专利问题和解，双方均已撤诉对对方的所有控诉。双方签署了全球范围内的专利交叉许可，中兴付出一定金额的专利权许可费以获得爱立信部分专利的使用权。

2011年4月2日 中兴应战

中兴通讯就与爱立信IPR纠纷一事发表声明，称爱立信单方面中断正在进行的专利谈判，并称将在中国发起针对爱立信在华专利的无效诉讼。

2011年4月2日，中兴通讯宣布在国家知识产权局专利复审委员会发起针对爱立信在华专利的无效诉讼。

中兴通讯称爱立信也侵犯了中兴的知识产权，中兴同时考虑起诉爱立信，中兴可以在中国、西欧以及其他地区起诉爱立信。

和解

2012年1月19日

中兴通讯公布，与爱立信就早前诉讼所涉的专利事项，进行充分沟通协商，近日签署《和解协议》，双方同意，相互撤销针对对方的专利侵权诉讼，包括德国、英国、中国的所有未了结专利纠纷。中兴已收到所有诉讼所在地法院下发的撤销案件裁定。

图12 爱立信—中兴专利诉讼案过程

如中兴公司负责知识产权战略规划的王海波曾在公开场合表示：知识产权是一个战略问题，它的收益大多数时候不是体现在知识产权回报是多少，而是体现在创造了多少市场的机会。比如商家在欧美没有知识产权的障碍，客户对其产品的需求度会大幅上升，一旦有了知识产权障碍，可能连市场都进不去了，更别说客户需求。这是一个战略性投入。

最终此案的结果是除了中兴、爱立信撤诉对对方的所有控诉外，双方还签署了全球范围内的专利交叉许可。由此可以预见，业内各企业凭借各自强大的专利组合，往往能够达成双方都认可的价码，交叉许可这一方式在未来或将呈现大幅增长的态势。

中兴、华为诉讼案——备战市场空缺

2011年4月28日，华为在德国、法国和匈牙利对中兴通讯提起法律诉讼，起诉内容包括中兴侵犯了华为有关数据卡和LTE技术的一系列专利。4月29日，中兴通讯声明，已在中国针对华为侵犯LTE若干重要专利递交了诉状。

2011年5月11日，华为公司赢得了针对中兴通讯德国公司商标侵权的初始禁令。根据法院判决书副本，该禁令于5月2日由德国汉堡法院颁布，内容是禁止中兴在其USB数据卡上使用华为的一项注册商标，并禁止销售印有该受特定法律保护商标的USB数据卡。该判决在没有听取中兴辩护的情况下，通过快速法律程序颁布。

次日，中兴发布公告称两地诉讼对公司盈利并不构成重大影响。

德国方面，中兴称在2009年7月14日，已经停止在数据卡产品使用上述临时禁止令中所述的RoHS标识，因此对现有业务不会产生影响；在法国方面，公司收到华为起诉本公司及中兴法国数据卡产品侵犯其专利权，要求本公司及中兴法国停止侵权并赔偿损失50万欧元。考虑到公司在法国数据卡收入占比很低，以上诉讼对公司当期盈利能力不构成重大影响。

从两者涉及诉讼的专利技术领域来看，均与LTE有关。LTE（Long Term Evolution）一直被看作是准4G技术，尽管目前尚处于试验阶段，但是中兴和华为都对此寄予厚望。《2010年中兴年报》曾这样描述：国际市场方面，移动宽带的发展将拉动相关设备及终端的投资，而LTE网络的全球布局也将带来新的机遇。同年华为的年报也称，历经30年移动通信发展，LTE终于有望在未来成为移动宽带的统一技术，并将以比以往任何移动技术都更快的速度发展。预计未来5年，全球LTE用户数将以400%的年复合增长率（CAGR）增长，2015年将达到6亿，由此实现从泛在语音向泛在宽带的飞跃。

《证券日报》有分析称，中兴和华为会以专利为诉讼利器阻击对方，是期望通过不断的诉讼给对方施加压力，以阻击对方的进攻脚步。如果一旦法庭认定某种商品因侵权而限制销售，对方则可趁机占领空缺的市场份额。所有的争端都在为下一步的商用做准备。[1]由此可见，中兴和华为的这场专利战，旨在对于未来全球4G市场的先期布局。

[1] http://intl.ce.cn/zgysj/201105/04/t20110504_22398772.shtml.

试水专利出售和授权——开拓盈利新渠道

全球最大专利拍卖公司ICAP专利经济行CEO迪恩贝克尔(Dean Becker)曾说过:“还有很多有价值的专利等待销售,市场中每一个运营公司都会因为专利诉讼面临损失、分心和潜在的财务风险。”

前面也已经提到,中兴日益庞大的申请量和较高的专利维持率势必带来大量的管理成本,如何分担成本,有效地发挥专利价值,是中兴一直在思考的问题之一。如老牌IT厂商IBM,已经正在成为通过专利累积财富的互联网公司代表。为了防御专利诉讼,谷歌已先后从IBM购买了数千个专利;同样,拥有2万多项专利的IT巨头微软公司,也通过授权方式与Facebook达成合作,从而使后者在避免雅虎的侵权诉讼的同时,也使自己从中获得了不菲的经济利益。这些巨头在专利储备达到一定规模后,已经将专利作为公司有价值的资产和产品进行交易,开拓出新的盈利渠道。

中兴也已经开始尝试将专利进行出售和授权,开拓盈利新渠道。如2006年初,中兴向包括摩托罗拉和北电网络在内的国际同行进行Go-Ta相关专利授权许可,这也开启了国内通信企业向国际通信巨头出售和授权专利的先河。

第二节 基因巨头Illumina公司专利分析及启示

2014年7月16日

2014年2月20日，美国权威杂志《麻省理工科技评论》评出了“2014年度全球创新企业50强”，专注于基因组学研究的基因测序仪器公司Illumina（伊鲁米那）在众多竞争者中脱颖而出，超过谷歌、三星等企业当选为当年全球最具智慧的公司。据了解，“全球最具智慧”的获奖企业，评选标准主要参照三个方面：企业是否推出了极具价值的创新技术和服务；企业创新成果的市场化效果以及企业创新是否给行业竞争格局带来改变。

Illumina公司成立于1998年，总部位于美国圣迭戈，从事开发、制造及销售用于分析遗传变异和生物功能的综合系统，主要仪器平台为高通量测序仪和高通量生物芯片，以及配套的试剂及相关消耗品（信息来源：http://www.illumina.com.cn）。如今，基因组测序已经不再是一个简单的研究工具，读取人类全部DNA可以用来解决一些医疗问题，并确定治疗方案。因此，这是一项极具潜力的业务，而该市场正被Illumina所主导，它已经拥有基因组测序仪市场70%的份额。值得注意的是，2014年1月Illumina发布了新款高端基因测序仪，可以准确测出全基因组序列，而成本还不到1000美元，这意味着面向大众的基因组测序时代终于到来。这可能也是Illumina荣登创新企业榜首的重要原因。

通常，一个企业技术的创新往往在其专利申请方面有所体现。作为创新企业榜首的Illumina公司，通过对它在全球范围内的专利布局、专利地位以及来华专利申请的情况，不仅有利于梳理专利对于企业创新发展的作用，同时对我国的生物技术企业也有着重要的现实借鉴意义。

Illumina公司的全球专利状况

1. 申请趋势

根据律商联讯的Total patent全球专利信息数据库（以下简称“Total patent”）显示，截至2014年3月Illumina（包括其收购的其他公司）全球共申请1259篇专利。专利申请趋势如图13所示，公司自1998年成立便开始申请专利，自1998年至2013年公司的专利申请数量保持快速增长，2012年申请的专利数量已增至78件，是1999年的近4倍。需要说明的是，由于专利的公开具有一定的滞后性，因此2013年的专利申请量统计并不完全，所以实际上2013年Illumina的专利申请数量依然是保持着稳定的增长。

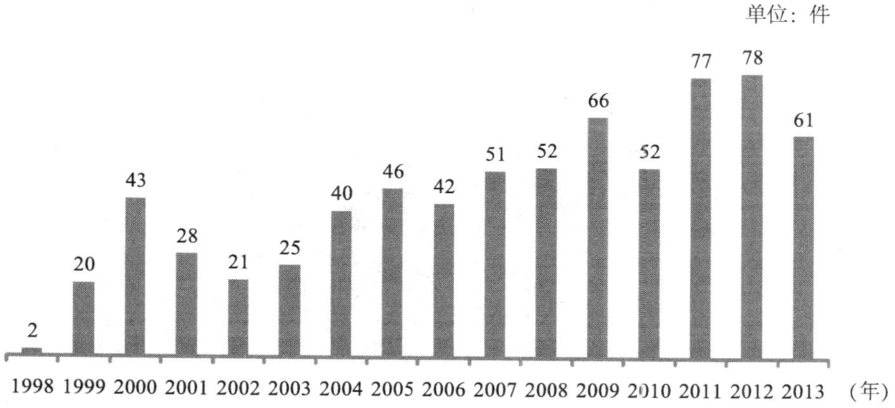

图 13　Illumina 专利申请趋势

数据来源：Total patent，截至2014年3月。

2．专利来源

从Illumina公司全球专利的来源来看，也非常有特点。具体的分布状况如图14所示：Illumina公司有一半的专利申请来源于它自己本身；另外一半则来源于Illumina近几年频繁的收购活动，这些公司在被收购的同时，相关的专利技术也都归于Illumina名下，从而为其积累了大量的专利技术财富。

比如Solexa（索雷克萨公司）、Advanced Liquid Logic（先进液体逻辑公司）、Epicentre（埃皮森特公司）、Verinata（维里纳塔健康公司）、Next-Bio、Bluegnome（蓝色地精公司）等。其中又以Solexa和Advanced Liquid Logic公司的专利数量最为庞大，来自这两家公司的专利数量占到目前Illumina公司所有专利数量的18.4%和17.7%。

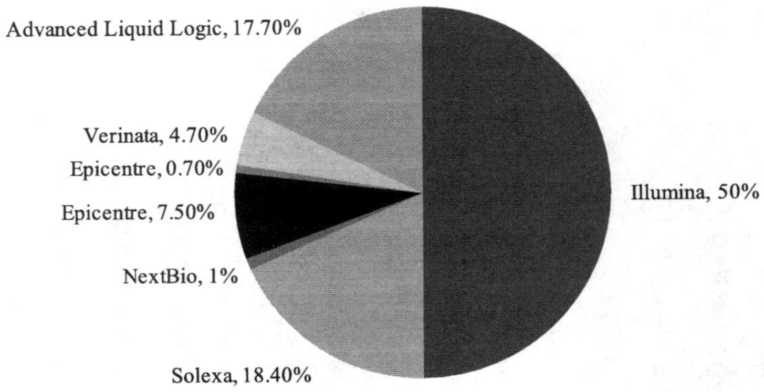

图 14　Illumina 专利来源分布

数据来源：Total patent，截至2014年3月。

对 Illumina 收购公司的专利进行深入研究，可以看出该公司的技术研发和创新脉络。如图 14 所示：Illumina 在 1998 年成立之初，主要是以基因分型和微阵列为主要技术，并一直以此为研发方向。而经过 10 年的发展，Illumina 意识到，尽管此方向的市场增长较快，但是随着更全面的基因测序技术的快速发展，微阵列芯片的潜力有限，为了拥有自己先进的基因测序技术，Illumina 要么是"自己研发"要么是"他处购买"。最终，Illumina 在 2007 年决定耗费 6 亿美元购买拥有先进基因测序技术的 Solexa 公司，这其中有很大部分是用于支付 Solexa 的专利。

至此，也拉开了 Illumina 公司的收购之路，2011 年以来，它又陆续收购了生产基因测序试剂的 Epicentre 公司（2011 年收购），专注于染色体筛选诊断的 Bluegnome 公司（2012 年收购），尤其是在 2013 年，更是大手笔的收购了包括 Verinata、Advanced Liquid Logic、NextBio 在内的三家公司，这三家公司专注的技术领域分别为繁殖和遗传健康、微流样品处理、以及基因组信息学。

通过不断收购，Illumina轻松获得更多相关领域技术、专利，并为其研发创新和市场拓展奠定了坚实的基础。而在收购之后，Illumina也不断地在原有基础上进行技术创新，相关技术领域在其收购后专利量的增长在一定程度上体现了这一点。

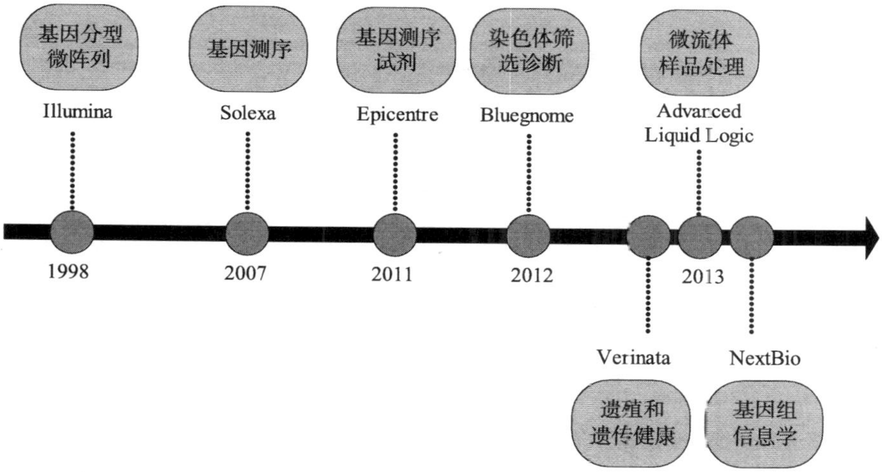

图15 Illumina公司收购情况

值得一提的是，从收购的企业所从事的技术领域的专利分析，也可以看出Illumina未来的发展趋势：涵盖包括基因测序技术的各个方面，如：测序技术、测序试剂、测试样品处理、以及测试数据分析等；向染色体筛选、繁殖和遗传健康等临床诊断市场扩展。

3. 来华专利申请情况

Illumina公司在快速发展的同时也很重视在中国市场的拓展，2005年开始进入中国市场，并在北京设立办事处，随着业务的发展，2010年年底正式在上海成立中国分公司。它对中国这块巨大市场的重视程度在专利上也可见一斑(如图16所示)。Illumina在中国有46篇的专利申请,占其申请总量的4%。而该公司进入中国市场之前便开始进行专利布局,来华专利申请最早发生在2003年。

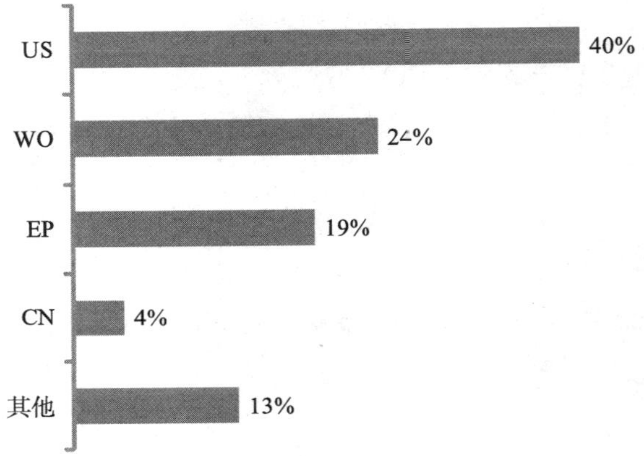

图16 Illumina专利申请区域分布

数据来源:Total patent,截至2014年3月。

Illumina的发展对中国生物技术企业的启示

通过对Illumina公司全球以及来华专利情况的分析,我们不难看出:作为公认全球最具创新力的公司,它通过专利布局、大胆尝试的专利运营等活动,将其研发创新能力一次次的推向高峰,将其市场疆土一步步的拓展开来,对于我国生物技术企业有着非常重要的借鉴意义。

我国的生物技术经过近20年的发展,虽然取得了较为丰硕的成果,但相比美国等发达国家的生物技术产业还存在不小的差距。总体来说，目前我国的生物技术产业存在以下几个突出的问题：产业集中化程度低、缺少具有一定规模企业产业；自主知识产权过少，竞争能力有限；投入不足，研究开发能力有限；研发与产业化脱节。针对这些问题，结合Illumina公司在专利策略上的运用，有以下几点值得我国生物技术企业特点关注。

1. 提高专利意识：企业发展离不开自主知识产权的保护

从Illumina发展之路我们可以看到，多年以来，它在立足于技术创新的同时，也非常注重对于技术的保护，公司自成立以来专利申请量一直保持快速增长。

目前中国的生物技术企业在技术创新的同时，也应提高专利意识，积极进行专利布局，获得自主知识产权。自主知识产权就是核心竞争力，有了一定的核心技术积累，企业在竞争中才能具有抵抗风险的能力，才能进行长足的发展。

2. 善用专利运营：合理收购有利于企业快速发展壮大

据了解，从2005年开始，Illumina公司用在收购上的投入总计超过12亿美元。目前Illumina拥有的专利中有一半来自于其收购的企业，前文也提到Illumina目前核心的测序技术就是通过6亿美元收购Solexa获得的。Illumina收购Solexa为其提供了所需的全球销售网络，第一年它的收入便达到了1亿美元，更为重要的是，Solexa的加入使Illumina将其竞争对手远远甩在了身后。

善用专利运营，通过收购可以整合资源，使企业快速发展壮大，从而提高企业的竞争力。这种发展方式，值得中国生物技术企业思考。

3. 持续创新:研发方向紧跟市场发展

Illumina最初从事基因微阵列的销售,随着市场的发展,Illumina发现高通量测序市场巨大的潜力,因此大力投入发展高通量测序仪,从而获得了目前全球基因组测序仪市场70%的份额。

生物技术发展迅速,相应的市场也变化比较迅速。中国的生物技术企业应该紧跟市场发展,并以此为导向进行相关技术的研发,加大先进并有市场潜力的技术研发投入,避免研发与产业化脱节。

第三节　微软收购LinkedIn之专利趣谈

2016年6月15日

2016年6月13日，微软宣布以每股196美元全现金收购LinkedIn，交易价值达到262亿美元，该交易预计将在本年度完成。一时间成为科技圈最热的新闻。LinkedIn（领英）创建于2002年，致力于向全球职场人士提供沟通平台。作为全球最大的职业社交网站，LinkedIn会员人数在世界范围内已超过3亿。

而这也并不是微软对LinkedIn的第一次收购尝试，早在2011年，微软就曾尝试以5亿美元的价格收购LinkedIn，并在几个月后将此报价提高了近20亿美元，均未能如愿，而现在收购的价格是当时的十几倍。

那么对于微软的这次收购而言，在专利上又会有哪些斩获呢？2016年6月TotalPatent数据显示：LinkedIn目前拥有美国专利1569件，主要涉及社交网络、移动互联网的信息检索、数据库、数据处理等技术。这与微软收购的目的密切相关。不过进一步分析，我们也会看到一些有趣的现象。

LinkedIn目前的大部分专利来自于转让获取，自行申请不足四成

在目前LinkedIn的1500多件美国专利中，仅有590件是自行申请的，其中大部分申请时间集中在2013—2014年；剩下的979件均为转让获得，其中有796件都来自于IBM在2014年3月31日的一次打包性转让，目前这批专利仍然在LinkedIn的专利池中——从某种程度上说，微软这次收购实际上还获得了近800件IBM的相关专利，如图17所示。

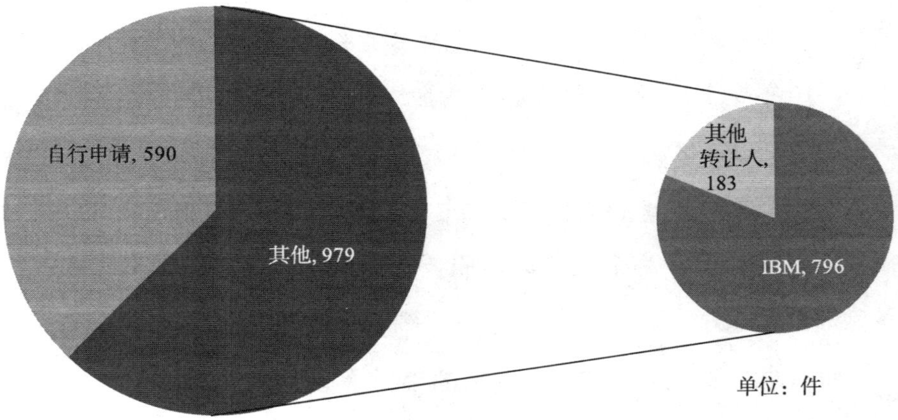

图17 LinkedIn美国专利情况

数据来源：Total Patent，公开（公告）日截止到2016年6月13日。

LinkedIn已经开始尝试专利运营活动

作为新兴的互联网公司，LinkedIn在专利运营上也起步较早，在其美国专利池中，已有4件进行了专利转让：它们在2010—2014年之间转

让给了 CISCO TECHNOLOGY(2010-06-14)、MORGAN STANLEY SENIOR FUNDING(2013-12-06)(此专利在今年又转给了 ATMEL)、GENERAL ELECTRIC CAPITAL(2014-02-14)和 ELECTRORACK PRODUCTS(2014-06-02)。这4件专利中,有2件是 LinkedIn 通过收购获得的,有2件为其自行申请(见表5)。

表5 LinkedIn 美国专利转让情况(4件)

申请号	名称	申请时间	原始申请人	现在申请人	运营情况及时间
US13927579	Method for Changing the Detection Range of a Touch Sensor	2013/06/26	Brunet, Samuel; Collins, Richard P.; Hristov, Luben H.; Myren, Steinar; Pedersen, Trond J.; Stavely, Paul	ATMEL CORPORATION	2013/08/20 LINKEDIN 2013/12/06 MORGAN STANLEY SENIOR FUNDING 2016-04-04 ATMEL
US13596196	RETAIL SHELF SUPPLY MONITORING SYSTEM	2012/08/28	Fasteners For Retail, Inc.	GENERAL ELECTRIC CAPITAL CORPORATION, AS AGENT	2013/07/29 LINKEDIN 2014/02/14 GENERAL ELECTRIC CAPITAL

续表

申请号	名称	申请时间	原始申请人	现在申请人	运营情况及时间
US14015447	Electronics rack with a movable power distribution unit	2013/08/30	LinkedIN Corporation	ELECTRORACK PRODUCTS COMPANY	2013/08/29 LINKEDIN 2014/06/02 ELECTRORACK PRODUCTS
US14689303	Replacing an image with a media player	2015/04/17	LinkedIn Corporation	CISCO TECHNOLOGY, INC.	2010/06/14 LINKEDIN 2010/06/14 CISCO TECHNOLOGY

数据来源:Total Patent,公开(公告)日截止到2016年6月13日。

LinkedIn专利价值约为8.7亿美元

根据iam(Intellectual Asset Management)一份关于美国专利交易报告❶数据显示:2015年美国成交专利的平均单价达到了27.6万美元,而其中成交单价最高的技术领域是社交网络相关技术,其成交单价达到了28.9万美元。如果按照这样数量粗略计算,可以得出本次微软收购LinkedIn,如果能全部获得其现有专利的话,其专利的市值约为4.4亿美元左右。

❶The brokered patent market in 2015: driving off a cliff or just a detour? by Kent Richardson, Erik Oliver and Michael Costa.

但从另外一则关于LinkedIn收购雅虎公司专利的新闻❶，可以看到：在2015年，Snapchat、Linkedin曾向雅虎购买了20件专利，售价为1110万美元。在LinkedIn的美国专利池中我们也找到这些专利，它们是在2015年3月由雅虎转让给LinkedIn的，基本上是涉及招聘功能的数据处理和算法相关技术（见表6）。

表6 LinkedIn收购雅虎美国专利列表（9件）

申请号	专利名称
US10011962	System and method for agency based posting and searching for job openings via a computer system and network
US11173470	Job categorization system and method
US11173656	Job seeking system and method for managing job listings
US11173837	System and method for improved job seeking
US11174393	System and method for managing listings
US11372497	System and method for listing data acquisition
US11609136	Systems and methods for recruiter rating
US11609287	Systems and methods for providing enhanced job searching
US12693248	System and method for finding relative score and enhancing one or more scores associated with data objects

数据来源：Total Patent，公开（公告）日截止到2016年6月13日。

目前这9件专利也依然掌握在LinkedIn手中，按照当时购买的平均这算，每件专利平均价格约为55.5万美元，按照此信息对所有LinkedIn美国专利池专利重新修正估值，则此次微软收购LinkedIn所获得的专利价值约为8.7亿美元。

❶雅虎拍卖3000项专利估值10亿美元 尚无中国买家：21世纪经济报道2016-06-14。

第四节　人工智能+医疗:专利竞争新高地

2017年3月7日

近几年,人工智能在各个行业快速发展,“人工智能+”的概念已然成为继“互联网+”之后的又一个热点。人工智能和医疗之间的结合,IBM公司的Watson可谓鼻祖。自2011年2月Watson在《危险地带》智力抢答游戏中一战成名后,同年8月便开始应用于医疗领域。经过多年的发展,IBM成立了Watson Health部门,专门用以聚焦人工智能与医疗领域的成果,2015年更是一口气并购了4家医疗数据公司,使得Watson Health的实力进一步增强。2016年8月,IBM与杭州认知网络科技有限公司共同宣布Watson进入中国。

在人工智能+医疗市场蓬勃发展的同时,各大IT巨头是否也手持专利“宝剑”提前进行了布局?从2010年以来该领域中国专利申请情况看,IBM、谷歌和百度的表现非常抢眼,如图18所示。

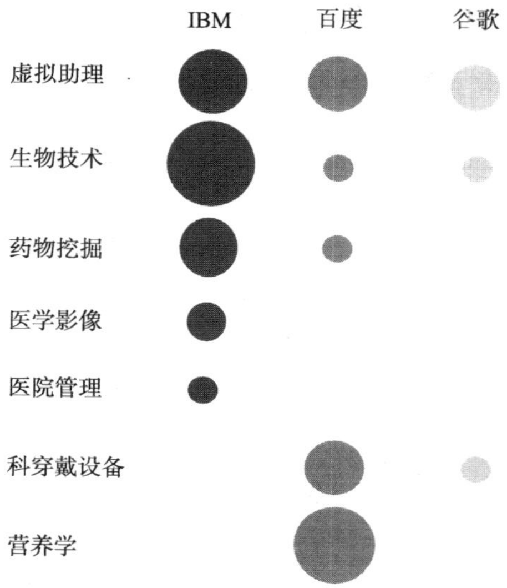

图 18　IBM、百度和谷歌人工智能领域专利申请分布

注：圆圈越大代表专利数量越多。

IBM——抢先布局抓重点

众所周知，人工智能对于医疗领域的应用非常广泛，不仅有与医院管理、诊疗过程息息相关的虚拟助理、医学影像、急救室等，也有促进治疗和药物开发的生物技术、药物挖掘、可穿戴设备等，甚至还与营养学、健康管理等息息相关。

在医疗领域颇有建树的 IBM Watson 在中国相关领域的专利布局上，首先开始的是其最擅长的虚拟助理和生物技术。2016 年，IBM Watson 进入中国的一个“大动作”，就是在国内 21 家医院使用 Watson 肿瘤解决方案。这一方案参考了大量的癌症临床知识、分子和基因组数据、癌症病例历史信息，经过“人工学习”后，为临床医师提供治疗方案。而

IBM在中国的相关专利申请时间大多集中在2010年至2014年之间，近3年专利申请非常少，且一半以上都是PCT专利申请，除去公开性滞后等原因外，从一个侧面也反映了IBM在中国布局的专利都是比较重要的专利技术。

百度——起步较晚来势猛

另外一个值得关注的是中国企业百度。

2014年5月，被称为“谷歌大脑之父”的吴恩达加盟百度，担任首席科学家，负责“百度大脑”计划，外界认为这是百度为了紧抓人工智能这根“救命稻草”，以期实现快速发展的目标。近几年，百度在人工智能方面，无论是技术研发，还是专利布局都“来势汹汹”。而医疗作为百度的另一王牌，虽然其过去一直尝试各种技术的融合与创新，但始终没有找到最佳方向，似乎有点“形式大于内容”的无力感。

但这一情况在2016年下半年有所突破。百度人工智能计划的第一个产品——“百度医疗大脑”成功落地，进一步显示了百度将人工智能和医疗结合的意图。2016年2月，百度通过内部邮件宣布对医疗业务进行组织架构调整和优化，集中优势资源，将医疗业务的重点布局在人工智能领域，以便更好地适应医疗行业新发展。从目前百度在此领域的专利申请来看，2014年之前其几乎没有提交过专利申请，大多数专利申请集中在2014年和2015年。与IBM不同，百度除了在虚拟助理领域开展专利布局外，在可穿戴设备和营养学领域也提交了一些专利申请。

谷歌——通过并购增实力

此外,谷歌公司在人工智能领域的发展也颇为活跃。2016年,谷歌的AlphaGo与李世石的围棋对弈中,李世石的惨败经历,让谷歌的人工智能成为公众关注的焦点。在人工智能领域,谷歌无疑走在世界前列,不过细分到医疗领域,至少从目前在中国提交专利申请的情况看,谷歌公司无论是在数量上还是在技术上,相较于IBM和百度,其专利申请状况较为薄弱。

不过值得关注的是,谷歌通过一系列专利收购逐步扩充了医疗领域的专利实力,并通过吸纳深度学习技术的发明者,横跨游戏开发、神经科学和人工智能等多领域的"天才"人物,不断扩大自身人才优势,毕竟医疗作为人工智能生态中应用层面的范畴,终究还是绕不开核心技术。在中国医疗人工智能领域,谷歌提交的专利申请相对较少,其中2015年至2016年提交的专利申请居多,涉及技术大部分为大数据的虚拟助理和可穿戴设备等,至今尚未形成系统的思路。

参考文献

[1]谢虹霞.经济情报的力量[M].上海:世界图书出版公司,2012.

[2]马天旗.专利分析——方法、图表解读与情报挖掘[M].北京:知识产权出版社,2015.

[3]马天旗.专利挖掘[M].北京:知识产权出版社,2016.

[4]马天旗.专利布局[M].北京:知识产权出版社,2016.

[5]马费成.信息资源开发与利用[M].北京:电子工业出版社,2004.

[6]马费成,靖继鹏.信息经济分析[M].北京:科学技术文献出版社,2005.

[7]胡昌平,等.信息服务与用户[M].武汉:武汉大学出版社,2001.

[8]季金奎,石怀成.企业信息化实施教程[M].上海:世界图书出版公司,2004.

[9]谢康.世界信息经济与国家知识优势[M] 广东:广东人民出版社,2001.

[10]埃茨科威兹.三螺旋 大学·产业·政府三元一体的创新战略[M].周春彦,译.北京:东方出版社,2005.

[11]周延鹏.知识产权——全球营销获利圣经[M].北京:知识产权出版社,2015.

[12]周延鹏.智富密码:知识产权运赢及货币化[M].北京:知识产权出版

社,2015.

[13]埃兹科维茨,雷德斯多夫. 夏道源,译. 大学与全球知识经济[M]. 江西:南昌教育出版社,1999.

[14]谢虹霞,亢娅丽. 中国专利运营状况实证研究[J]. 中国发明与专利,2017(7).

[15]敖翔,谢虹霞. 专利大数据发展路径研究[J]. 中国发明与专利,2016(5).

[16]敖翔,谢虹霞. 浅析欧美专利宏观管理的特点及对我国的建议[J]. 中国发明与专利,2015(6).

[17]谢虹霞,敖翔. 中国式创新:谈中国实用新型专利[J]. 合作经济与科技,2014(20).

[18]邵琳,谢虹霞. 日本专利信息服务模式研究[J]. 中国发明与专利,2014(9).

[19]郑木青,谢虹霞. 基因巨头Illumina公司专利分析及启示[J]. 中国发明与专利,2014(7).

[20]谢虹霞,曾艳琳. 脸谱网的专利之路及其启示[J]. 中国发明与专利,2012(11).

[21]谢虹霞,敖翔. 创业型大学——知识社会的创新力量[J]. 教育教学论坛,2012(20).

[22]谢虹霞,朱欣煜. 专利的力量——浅谈专利信息分析与企业发展[J]. WTO经济导刊,2012(10).

[23]谢虹霞,敖翔. 浅谈基于经济情报的区域信息资源配置[J]. 科技情报开发与经济,2012(9).

[24]谢虹霞,吴化. 中美政务信息资源管理比较研究[J]. 科技情报开发与

经济,2008(2).
[25]谢虹霞.搜索引擎企业技术创新风险实证研究[J].图书情报工作,2007(2).
[26]卢小宾,黄红梅.信息技术对传统产业管理的影响问题研究[J].情报科学,2001(10).
[27]卢小宾.我国信息资源市场化问题研究[J].情报资料工作,2001(4).
[28]韩耀,张春法.网络经济下信息资源配置研究[J].情报杂志,2004(10).
[29]赵勇.政府与信息资源配置:政府的角色、作用和应注意的问题[J].现代情报,2006(5).
[30]朱幼平.论信息化对经济增长的影响[J].情报理论与实践,1996(5).
[31]朱备战,寿文霞.企业信息资源微观优化配置模式的设计及特点功能[J].情报杂志,2000(7).
[32]陈光勇,向太斌.企业信息资源的开发利用[J].中国地质大学学报,2001(2).
[33]李生校.关于市场经济发展中地方政府作用的思考[J].绍兴文理学院学报,1998(3).
[34]卜海.正确认识与积极应对技术性贸易壁垒.南京师大学报(社会科学版)[J], 2003(7).
[35]谢虹霞.加强专利运营 促进价值实现[N].中国知识产权报,2017(5).
[36]谢虹霞.微软收购领英将斩获哪些专利?[N].中国知识产权报,2016(7).
[37]谢虹霞,敖翔.美国专利商标资源中心如何提供专利信息服务[N].中国知识产权报,2015(4).

[38]谢虹霞,桑芝芳.355家创业板上市公司专利拥有量近3万件[N].中国知识产权报,2014(1).

[39]知识产权出版社.2016年中国专利运营状况研究报告[R].北京:知识产权出版社,2017.

[40]知识产权出版社.2015年中国专利运营状况研究报告[R].北京:知识产权出版社,2016.

[41]知识产权出版社.2014年中国专利运营状况研究报告[R].北京:知识产权出版社,2015.

[42]知识产权出版社.2013年中国专利运营状况研究报告[R].北京:知识产权出版社,2014.

[43]知识产权出版社.中国互联网企业知识产权发展研究报告(小米篇)[R].北京:知识产权出版社,2015.

[44]知识产权出版社.中国互联网企业知识产权发展研究报告(乐视篇)[R].北京:知识产权出版社,2015.

[45]知识产权出版社.中兴公司专利研究报告[R].北京:知识产权出版社,2012.

[46]Jacob M J. Inducible ischemia with patent stents[J]. Journal of Association of physicians of India, 2011, 58.

[47]Simoens Steven. Interchangeability of off-patent medicines: a pharmaco-economic perspective[J]. Expert review of pharmacoeconomics & outcomes research, 2008, 8(6).

[48]Hughes David, Vincent-Jones Peter. Schisms in the church: National Health Service systems and institutional divergence in England and Wales

[J]. Journal of health and social behavior, 2009, 49(4).

[49] Van Harten Willem H, Veldhuis Marleen J M, Hoeksma Bernhard H et al. Strategic behaviour of institutional providers in mental handicapped care in the Netherlands[J]. Journal of health, organization and management, 2007, 21(2).

[50] D Toomey,w Schulze,R Schuler,et al. Reliability, electric power, and public versus private goods: A new look at the role of markets:Proceedings of the Annual Hawaii International Conference on System Sciences, Proceedings of the 38th Annual[J]. Hawaii International Conference on System Sciences, 2005: 58.

[51] Chew Cassie M. Going home. Federal program aims to help nursing home patients move out of their institutional settings[J]. Modern Healthcare, 2011, 41(27).

[52] Magnani Elisabetta. Environmental protection, inequality, and institutional change[J]. Annals of New York academy of sciences, 2011, 1219.

[53] Jayaraman K S. US patent office withdraws patent on Indian herb[J]. Nature, 1997, 389(6646).

[54] McNeil Caroline. Debate over institutional review boards continues as alternative options emerge[J]. Journal of national cancer institute, 2007, 99(7).

[55] Eilene Zimmerman. Top 50 companies of 2013[J]. MIT Technology Review, 2014,3.

[56] Khanna Tarun, Palepu Krishna G, Sinha Jayant. Strategies that fit emerging markets[J]. Harvard business review, 2005, 83(6).

[57] Ereney Hadjigeorgalis, Jay Lillywhite. The impact of institutional constraints on the Limarí River Valley water market[J]. resources research, 2004, 40(5).

[58] Klepser Donald G. Are patent expirations the answer to improving patient adherence?[J]. The American journal of managed care, 2008, 14(12).

[59] Nathalie FABRY , Sylvain ZEGHNI. Inward FDI in seven transitional countries of South-Eastern Europe: a quest of institution-based attractiveness[J]. Eastern journal of European studies, 2010, 1(2).

[60] Warren, Robert. Telematics and urban life: the questions of gender, class, and urban form - rejoinder to john P. frendreis[J], Journal of Urban Affairs, 2010,11(4): 339-346.

[61] Hershberg, Theodore.Regional cooperation: Strategies and incentives for global competitiveness and urban reform[J]. National Civic Review, 1996, 85(3): 25-30.

[62] Paul T.Jaeger,Kim M.Thompson:Social information behavior and the democratic process:Information behavior,and electronic in the United State[J]. Library&Information Science Research,2004: 94-107.

[63] Blaise Cronin.Intelligence, terrorism, and national security[J]. Annual Review of Information Science and Technology, 2005,39(39): 395-432.

[64] Urban Pettersson.Creating an intelligence system at the Swedish National Financial Management Authority[J]. Competitive Intelligence Review, 2001,12(2): 20-31.

[65] P Clerc, H Dou: Regards sur l'IE, l'Intelligence Economique en In-

donésie , Regards sur l'IE, Partie II, Janvier – Février 2005.

[66] Peter Trim. Public–private partnerships in the defence industry and the extended corporate intelligence and national security model[J]. Strategic Change, 2001: 49–58.

[67] Thompson Frances E, Subar Amy F, Loria Catherine M, et al. Need for technological innovation in dietary assessment[J]. Journal of the American Dietetic Association, 2010, 110(1).

[68] Rosengarten Marsha, Michael Mike, Mykhalovskiy Eric, et al. The challenges of technological innovation in HIV[J] The Lancet, 2008, 372(9636).

[69] Washburn Newell R. Teaching technological innovation and entrepreneurship in polymeric biomaterials[J]. Journal of Biomedical Materials Research, 2010, 96(1).

[70] Marziale Maria Helena Palucci. Strategic research, technological innovation and nursing[J]. Revista Latino–Americana de Enfermagem, 2010, 18(1).

[71] Chang Virginia W, Lauderdale Diane S. Fundamental cause theory, technological innovation, and health disparities: the case of cholesterol in the era of statins[J]. Journal of health and social behavior, 2009, 50(3).

[72] Balmer Nigel, Pleasence Pascoe, Nevill Alan. Evolution and revolution: Gauging the impact of technological and technical innovation on Olympic performance[J]. Journal of sports sciences, 2011.

[73] Homma Akira, Moreira Mario. New challenges for national capability in vaccine technology: domestic technological innovation versus technology transfer[J]. Cadernos de saude publica, 2008, 24(2).

[74] Forde Brian G, Roberts Michael R. Plant Methods: putting the spotlight on technological innovation in the plant sciences[J]. Plant methods, 2005, 1(1).

[75] Peter R J. Trim: The Corporate Intelligence and National Security (CINS) model: a new era in defence management, Strategic Change, 1999: 163–171.

[76] Henri Dou. Veille Technologique en Formulation, Les Techniques de l'Ingénieur J 2 260 pp. 1–15, 2005,2(260): 1–15.

[77] Henri Dou, Sri Damayanty Manullang. Jean–Marie Dou Jr: The Framework of Indonesian Provincial Autonomy, Education for Information, n°22, June 2004, Competitive Intelligence, Technology Watch for industry, Editor Indonesian Department of Industry and CI Worldwide Organization, 2006.

[78] J.R.Dukart.Content Repositories–One or Many. AIIM E–Doc Magazine, 2004(3).

后　记

2012年初，我从某互联网公司离职后，误打误撞进入到知识产权领域。五年的时间，从对专利一无所知的小白，到现在对专利分析、知识产权咨询有了一些自己的理解和认识，确是一段不短的历程。其间也经历和主持了一些大型的项目和课题。所以在工作之余，总觉得有很多东西想要念叨念叨。

所幸，自媒体时代给了每一个人表达的机会。2014年，和几个业内朋友一起，创立了微信公众号“专利笔记”。大家随性而至，不定期的在上面发表一些对于业内热点问题和事件的点评和解读。从最初几十个粉丝，到后来的几千个粉丝；虽然离100000+尚有距离，但偶尔也会出现些阅读量和转载量都很大的文章，的确给了我们莫大的信心与鼓励。

2016年底，已经累计了近100篇原创文章的“专利笔记”，被我们几个人一合计，寻思可不可以将其中精彩的部分集结成册，也算是对这几年日新月异的知识产权（专利）领域的一个梳理。于是就有了大家所看到的这本和我们微信公众号同名的《专利笔记》。

本书在原有微信文章的基础上，经过精心挑选和重新编辑，同时还加上了三位作者平时在实际工作中的感悟，几经修改，终于呈现各位的面前。必有不足之处，但的确亦算倾心之作，还望各位或会心一笑，或批评指正，或回复讨论。

最后，想表达一连串的感谢。感谢我的两位搭档，邵琳和敖翔——前者是我的好朋友，当年一起前往日本研修时建立的深厚友谊，一同为项目的推进奋斗的日日夜夜仍然历历在目；后者是我的亲密爱人，也是引领我了解和进入知识产权行业的领路人。能和他们共同完成一件如此有意义的事情，同样是献给我们这五年情谊最好的礼物。

还要感谢本书的责任编辑许波，她的一丝不苟为这本书最后的成型奠定了坚实的基础；感谢我在知识产权出版社认识的各位良师益友，咨询培训中心崔国振主任、专利分析师曾艳琳、郑木青、马俊，研发中心朱欣昱主任、专利信息部刘力主任等，没有他们在项目上的提携和资料上的帮助，本书的很多精彩案例都可能会被湮没；感谢知识产权出版社有限责任公司党委副书记、副总经理李程先生为本书写序；感谢我的导师中国人民大学信息资源管理学院副院长、长江学者卢小宾教授和法国竞争情报奠基人、马赛三大信息与传播学院Henri Dou教授对本人在专业上的指导和帮助。

联想到当时申请微信公众账号时，我们灵光一闪想到的那句话，即使放到今天依然感觉心潮澎湃，送给每一位专利界的同仁们，感谢能和你们共同见证和参与这美好的时代——我们的时代！

用互联网精神的星星之火，点亮专利发展运用之路！

谢虹霞

2017年10月于北京